データ分析力を高める

ビジネスパーソンのための

SQL 入門

高橋光 ［著］

技術評論社

はじめに

データ分析に必要なSQL

みなさんはSQLと聞いてどんな印象を持つでしょうか。

本書を手にしたみなさんは、少なからずSQLに興味があると思います。その中には、SQLは専門的で難しそう、プログラミングみたいで難しそうなど、SQLに対して学習のハードルが高いと感じる方も多いのではないでしょうか。

しかし、SQLは決して難しくありません。SQLは基本的な書き方を理解すれば、誰でも活用することができます。

SQLの活用には大きく2つあります。

1つは、エンジニアがアプリケーション開発のときに使うSQLです。多くの場合、SQLと聞くとこちらの印象を持つのではないでしょうか。アプリケーション開発では、いかにデータを早く取得するか秒単位での調整が必要だったり、さまざまなデータ構造に合わせて複雑なSQLが必要です。そのため、SQLはエンジニアが使うプログラミング言語のように難しいという印象を持つ方が多いように感じます。

もう1つがデータ分析で使うSQLです。

昨今のビッグデータ時代では、データ分析力はビジネスパーソンにとって必須の能力です。ある調査によると、セールスやマーケティング業務で、新入社員にすすめたいスキルの第1位が「データ分析力」でした[注1]。第2位が「コミュニケーション力」なので、今はコミュニケーション力よりもデータ分析力が求められる時代に変化しているということです。

注1） SATORI調査（https://saleszine.jp/news/detail/3375）

そして、データ分析で最も必要なスキルの1つがSQLです。

SQLは大量のデータを素早く取得できるスキルとして、データ分析で広く活用されています。つまり「SQLが使える」＝「データを自由に使える」ということに直結します。そのため、SQLを学ぶ重要性も非常に高まっています。

SQLは基本的な書き方を理解すれば、データ分析でも十分に活用できます。そのため、アプリケーション開発で使われるSQLに比べて、データ分析で使われるSQLのほうが学習コストが低いです。つまり、データ分析におけるSQLは、ビジネスパーソンなら誰でも身につけるべきスキルであり、身につけられるスキルです。

ビジネスパーソンも身につけることができるSQL

著者はWebエンジニアとして社会人のキャリアをスタートして、その後、データアナリストやコンサルタントという職種に変化しました。

エンジニアとしてWebサービスの開発や運用をしながら、SQLを活用したさまざまなデータ分析を行っていましたが、それだとデータ分析が片手間になってしまいました。そのため、もっと会社としてデータ分析に力を入れる必要があると感じ、著者もWebエンジニアからデータアナリストへと変化していきました。もともと数字を見たり分析したりすることが好きだったので、データアナリストへのキャリアチェンジは自然な流れだったと思います。そして、当時の会社もデータを使った意思決定の重要性を理解していたので、データ活用専門の組織の立ち上げを上司に相談しました。その結果、著者がその部門のマネージャーとして、データ活用を全社に推進していく組織を立ち上げました。

当時立ち上げたデータ活用専門組織には、エンジニア職の方とビジネス職の方がいました。

ビジネス職の中には、データ分析の経験があまりない方もいました。しかし、

今後組織としての活動をしていく中で、データ分析力は必須の能力です。なんとかしてデータ分析力を身につけられないか考えました。そこで、まず行ったことがSQL勉強会です。エンジニア時代から行っていたデータ分析の経験から、SQLはデータ分析で汎用的に使えるスキルだと感じていました。SQLさえ覚えれば、ほしいデータを素早く入手できるということがわかっていたので、チームメンバーに対してゼロベースからSQL勉強会を始めました。

　当時のメンバーはもともと営業職をやっていた方や、企画職をしていた方だったので、著者のようにエンジニアとしてのプログラミングの経験はありませんでした。SQLに関しても、なんとなく聞いたことがある程度で、自力でSQLが使える状態ではありません。そこで、SQL勉強会では基本的なSQLの書き方を理解しながら、ハンズオン形式で実際にSQLを使い、学んでいきました。SQLを学ぶうえで大事なことは、どんなSQLを実行することでどんな結果が得られるのか、インプットとアウトプットを理解することです。ただ頭で解説を聞くだけではなく、実際に手を動かし、SQLがどんなものかを体感してもらいました。

　さらに、データ活用専門組織の一員として活動してもらうためには、SQLを実務で使えなくてはなりません。そのため、ハンズオン形式のSQL勉強会では、過去に著者が実務のデータ分析で使ったSQLを題材に学習しました。そうすることで、より実践で使えるSQLを学べます。例えば、「Webサイトに訪問した人のうち、購入してくれた人が何人いたのか」を知りたいときは、こんなSQLを実行すると、こんな数値が結果として返ってきます、といったように、過去のデータ分析で実際に使ったSQLを題材にし、実務で使えるSQLを身につけてもらいました。

　その結果、SQL勉強会に参加してもらったメンバーは実務でSQLが活用できるようになり、組織の中でも優秀なデータアナリストとして活躍していきました。マーケティング部門や企画部門の方と伴走しながら施策の効果検証を実施したり、必要なときに会社の売上データを集計したりと、SQLを使ってさまざまなデータ分析ができるようになりました。このような過去の経験上、SQL

は専門的な知識がなくても、誰でも身につけることができるスキルだと確信しています。

　本書では、SQLをまったく知らない人が読んでも、実務の中でSQLを使い、データ分析ができるよう、著者の過去の経験を活かしながら解説します。データを使った意思決定が重要な時代だからこそ、データ分析で汎用的に使えるスキルであるSQLを一緒に学びましょう。

本書の対象者

　本書はビジネスで使えるデータ分析としてのSQL入門書のため、次の方を対象としています。

- SQLをこれから学ぼうと思っている人
- 仕事でSQLを触り始めたけどイマイチよくわからない人
- Excelを使ってデータ集計している人
- もっと効率的な環境でデータ分析したいビジネスパーソン

　本書のメインターゲットは、SQLをこれから学びたいと思っている方、あるいはすでに仕事でSQLに触れる機会があるけど、イマイチよくわかっていない方です。SQLはみなさんが思うほど難しくないということを、本書を通して理解してもらいたいと思います。そのために実務でデータ分析が使えるという観点から、できるだけわかりやすく解説します。SQLをまったく知らなくても、本書を読み終えた頃には、SQLに対しての苦手意識がない状態にしたいと思います。

　また、大量のデータを高速に処理できるのもSQLの大きなメリットの1つです。日々大量のデータを扱っているビジネスパーソンで、もっと効率的にデータを扱いたい、あるいはExcelを使ってデータを処理しているが、データ量が多くPCがいつも重くなってしまうという方も、今回紹介するSQLを有効活用

し、日々の業務を改善することができます。

本書の学び方

　本書では、ただSQLの解説をするのではなく、ハンズオン形式にしています。ハンズオン形式とは、自分のPCでSQLを実行できる環境を構築し、実際にSQLを実行しながら理解を深めていく方法です注2。ただ本を読み進めるだけでなく、自分でSQLを実行し、その結果がどうなるのかを体感しながら学んでほしいと思います。そのために、ハンズオンとして実行してほしいSQLを本書で記載しています。また、SQLの実行結果も載せているので、両方を見ながら読み進めてください注3。

　著者は過去、いろいろな方々にSQLを教えてきましたが、すべてハンズオン形式で実施していました。その理由は、実践で使えるSQLの知識を身につけてほしいからです。冒頭お伝えしたとおり、SQLはプログラミングほど複雑ではありません。しかし、SQLを普段の仕事の中で活用するには、ハードルがあります。何事にも「理解する」と「実践する」には壁があるように、SQLに関しても「理解する」と「実践する」には壁が存在します。

　なので、本書ではまず基本的なSQLの使い方について解説し、そのあと実際に手を動かしてSQLを実行することで、実践で使うSQLを意識した学びにしています。また、各章の最後に演習問題も載せているので、章の内容を復習する意味でもぜひ取り組んでください。SQLでも、どんなスキルでもそうですが、実践できて初めてスキルが身についたといえます。ハンズオン形式で進めることで、SQLを「実践する」ことを意識して学んでください。

　また、本書は「データ分析」で必要なSQLを学習するという点にも特化しています。そのため、本書で触れる内容と触れない内容を明確に分けています。

注2）　SQLを実行する環境構築の方法は第2章で解説します。
注3）　SQLの実行結果は、便宜上結果の一部のみを記載している場合もあります。

- 本書で触れる内容
  - エンジニアとしてではなくビジネスパーソンとしてデータ分析に必要なSQLの知識
  - SQLの読み解きができる能力を身につける
- 本書で触れない内容
  - エンジニアとして必要なSQLの知識（アプリケーション開発に必要なSQLの知識）
  - データ分析で利用頻度の少ない完全外部結合とクロス結合
  - 初学者には難易度の高いWINDOW関数

本書で触れる内容

エンジニアとしてではなくビジネスパーソンとしてデータ分析に必要なSQLの知識

　SQLは活用の幅が広いです。例えば、エンジニアがWebアプリケーションやスマートフォンのアプリケーションなどを開発するときにもSQLを活用します。しかし、本書はあくまで「データ分析」の観点でSQLを学びます。そのため、エンジニアとして必要なSQLではなく、ビジネスパーソンとしてデータ分析に必要なSQLの知識を中心に解説します。

SQLの読み解きができる能力を身につける

　SQLはまったくのゼロベースから書ける必要はありません。実際の現場でSQLを使ったデータ分析をするときは、他の人が書いたSQLを見たり、あるいは過去に自分が書いたSQLを参考にしながら、読み解いて使っていくことが多いと感じます。なので、すべての書き方を暗記して、ゼロからSQLが書けるようになる必要もありません。本書でも、参考となるSQLを見ながら、それを理解できる能力が身につくよう解説します。また、本書ではあえて難しい内容は書かず、SQLを学ぶうえで必要最低限の内容に絞り、初学者でも挫折せずに最後まで読み切れるようにします。

本書で触れない内容

エンジニアとして必要なSQLの知識（アプリケーション開発に必要なSQLの知識）

　INSERT、DELETE、UPDATEなどのデータを更新するSQLは、データ分析では使用頻度が低いため、本書では取り扱いません。これらはアプリケーション開発で一般的に使われるSQLですが、データ分析では活用する場面が少ないので、本書ではより使用頻度の高いSQLに焦点を当てます。もちろん、データ分析でも必要なデータを自分で登録（INSERT）したり更新（UPDATE）したりすることで、より高度な分析も可能になります。しかし、基本的なデータ分析では使用頻度も高くはないため、本書ではデータを取得すること（SELECT）を中心に解説します。

　また、アプリケーション開発で使われるSQLでは、処理速度に関してもかなり注意してSQLを書く必要があります。しかし、データ分析で使われるSQLは、アプリケーション開発と比べるとそこまで処理速度を意識する必要はありません。もちろん、処理速度の早いSQLを書いたほうがよいですが、そこまで意識するのは難易度が高いです。そのため、本書では処理速度に関しては言及はしません（一部、データ分析でも知っておいたほうがよい処理速度については言及します）。

データ分析で利用頻度の少ない完全外部結合とクロス結合

　JOINはデータ分析でも非常によく使うSQLで、かつ初学者の人の最初のハードルになる部分です。もちろん、本書でもJOINについて解説しますが、JOINについて網羅的な解説はあえてしません。具体的にはFULL（OUTER）JOINと呼ばれる完全外部結合や、CROSS　JOINと呼ばれるクロス結合に関しての詳細な解説は、本書では触れません。どちらもデータ分析では使用頻度があまり高くないので、よく使うJOINのみに絞って解説します。

初学者には難易度の高いWINDOW関数

　SQLにはWINDOW関数という、データ分析をするうえで便利な機能があります。しかし、初学者の方には難易度が高いです。本書では、あえて難しい

WINDOW関数は対象外とすることで、SQL全体をより学びやすくします。著者もデータ分析でWINDOW関数を活用することはありますが、使用頻度はそこまで高くはありません。難易度の高いSQLを理解するよりも、基本的なSQLをしっかりと理解して活用することのほうが、データ分析では重要です。もしWINDOW関数について学びたい場合は、本書の内容をすべて理解したうえで、プラスアルファとして学ぶことをおすすめします。

本書のゴール

　本書のゴールは、SQLに関してまったく知識がない状態から、SQLを使って実務でデータ分析ができるようになることです。SQLを使うことで、会社のデータベースから自分がほしいと思ったデータを取得し、マーケティング施策の効果を検証したり、過去のデータから新しい企画を考えたり、さまざまなことができるようになります。

　そのために、まずはSQLの基本について学んでいきます。そこから、実際にハンズオンでSQLを実行し、実務でSQLを活用することを意識しながら理解を深めてもらいたいです。本書を通して、実務の中でSQLを使い、データ分析ができるようになりましょう。

目次

第4章 複数のデータを集約して
1つにまとめる
～ 集約関数 / GROUP BY / DISTINCT ～ ……… 65

第1章

ビッグデータ時代を生き抜くためのビジネススキル「SQL」

SQLはデータ分析において重要なスキルです。
本章では、SQLを学ぶ前になぜデータ分析が重要なのか、そもそもデータ分析とはなんなのか、データ分析の基本について学んでいきましょう。

データ分析がビジネスにおいて必須である理由

データ量が10年間で40倍

　ビッグデータという言葉は、日本では2010年頃から使われ始め、Volume（量）、Variety（多様性）、Velocity（速度）の3つのVを高いレベルで備えていることが特徴とされています。近年では、さらにVeracity（真実性）とValue（価値）を加えた5つのVから成り立っているともいわれています。例えば、SNSに投稿されたデータや、ウェブサイトの行動履歴、位置情報など、現代ではさまざまなビッグデータが存在しており、現在も注目され続けています。

　少し古いですが、総務省がまとめたデータによると、国際的なデジタルデータの量は飛躍的に増大しており、2010年の約1ゼタバイトから、2020年には約40ゼタバイトに達すると予想されていました[注1]。つまり、ここ10年でデータの量は40倍以上増えており、それが今後はもっと増えると想定されます。

注1）　2014年に総務省がまとめた資料「ICTの進化が促すビッグデータの生成・流通・蓄積」より。https://www.soumu.go.jp/johotsusintokei/whitepaper/ja/h26/html/nc131110.html

○図1-1：データ量

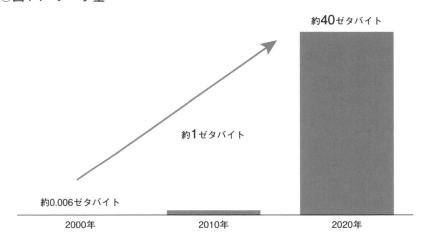

約40ゼタバイト

約1ゼタバイト

約0.006ゼタバイト

| 2000年 | 2010年 | 2020年 |

　このようにデータ量が増加し、ビッグデータが注目される背景として、イン
ターネットがインフラとなり、スマートフォンやIoT、SNSの利用などが普及
し、我々が生活の中でさまざまな情報を取得できるようになったことがあります。その結果、取得したビッグデータを実際に活用して、価値を生み出す時代
に変化しています。

データ活用を進める具体例

　データの量が増え続けるとビジネスにおいてどんなよいことがあるか、具体
的な企業のデータ活用事例をいくつか紹介します。

　例えば、大手ITベンダーである富士通は、農業経営を支援するためのクラウ
ドサービスを提供しています注2。これは温度や日射量などの環境データ、いつ
どこで何を行ったかの作業データなど、栽培に必要なデータを収集し、分析を
することで品種、地域、ブランドごとにおいてもっとも最適な栽培方法を導き
出すことができるサービスです。気象データを活用して温室のコントロールを

注2）　総務省がまとめた「国内ビッグデータ活用事例」より。https://www.soumu.go.jp/johotsusintokei/
　　　whitepaper/ja/h27/html/nc254330.html

行い、無駄をなくすことで、コスト削減につなげることも可能です。このように、さまざまなデータを活用することで、ビジネスとして価値が生まれるのが、ビッグデータによってもたらされる大きなメリットです。

　また、大手インフラ企業である大阪ガスでは、分析力を武器にしてビジネスに貢献する専門部署（ビジネスアナリシスセンター）を設置しています。ビジネスアナリシスセンターでは、関係部署に対してデータ分析による価値を提供することで、社内のさまざまな業務プロセスを改善しています[注2]。例えば、家庭用のガスや電気契約の営業をするときに、契約する確率が高そうなお客様をデータを活用してリストアップすることで、営業効率を高めています。このように、会社としてデータ活用を進めていくために、データ分析専門の組織を立ち上げる企業も増えています。

　最後に、著者も好きなバスケットボール業界の事例を紹介します。プロバスケットボールリーグのBリーグのチームである三遠ネオフェニックスは、2022年7月からハーバード大学と提携して、スポーツのデータ分析に力を入れています[注3]。試合のデータを分析して戦術に活かしたり、世界各国の選手の年俸や試合での記録を分析し、試合に勝利するための効果的な選手の補強にも役立てるそうです。

　このように、さまざまなデータが取得できるようになったことで、データをビジネスに活用する事例が増えています。ここで紹介した事例はほんの一部ですが、データ活用を行っているのは大企業やIT企業だけではありません。どんな業界、会社規模であってもデータを活用していくことがビジネスにおいて重要な要素になっているのです。

データ分析とはデータを活用して意思決定するための手段

　時代の変化が激しい中で企業のビジネスを成功させるためには、データを活

注3）2022年7月に発表された内容より。同大と日本のスポーツチームの提携は初めてです。https://www.nikkei.com/article/DGXZQODH086N50Y2A700C2000000/

用することが重要です。では、なぜビジネスの成功には、データの活用が重要になるのでしょうか。

　それはデータを活用した意思決定をすることで、ビジネスの成功確率を上げることができるからです。そして、データを活用した意思決定は、大企業だけが進める話ではありません。あらゆる業界で、会社の規模に関係なく、すべてのビジネスパーソンにとって重要です。

　少し前までは、ビジネスにおける意思決定は経験とカンによるものが中心でした。どんな商品を開発するのか、どんなキャンペーンを実施するのか、すべてアイディアベースで過去の経験則から意思決定することが多かったのではないでしょうか。もちろん、人の経験や考え方も大切です。しかし、昨今は時代の変化が激しく、過去の経験則がそのまま活用できない場面が数多く存在します。なぜなら、インターネットが普及し、大量の情報に接することができるようになった結果、人々の考え方も多様化しているからです。そんな時代だからこそ、自分の経験だけに頼る意思決定では不安要素が大きいです。

　そこで重要になるのがデータ分析です。データ分析とは、自分なりの仮説を考え、データを活用して検証し、意思決定をするための手段です。変化の激しい時代である一方、さまざまなデータが取得できるようになり、それらを数字的に可視化することができます。

　作業関連用品やアウトドア製品を販売するワークマンでは、データ経営を行っています。社員がデータを活用して、それにもとづいた意思決定をするためです。例えば、各店舗で売れている製品の情報を可視化し、東京地区で売れているのに、蒲田矢口渡店では取り扱いがない製品を発見しました。その後、該当の製品を店舗に置いたところ、すぐ安定した販売につながり、固定客の獲得に貢献したという事例もあります注4。

注4）データをもとに店舗運営をするワークマンの分析体制の事例。https://xtech.nikkei.com/atcl/nxt/mag/
nc/18/011200273/011200004/

　このように、大量で精度の高いデータが存在するからこそ、データを用いて仮説を検証することができます。仮説を立て、データ分析で検証し、意思決定する。そしてまた仮説を立て、データ分析をして、意思決定する。この繰り返しを続けることこそが、変化の激しい時代を勝ち抜く重要な要素なのです。

大量のデータを高速に分析できるSQL

データ分析で使える汎用的スキルのSQL

　ここまで、データ分析がビジネスにおいて必須である理由を解説しました。では、企業がデータ分析を進めるにあたって、具体的にどのような方法を用いているのでしょうか。

　昨今では、BIツール注5やデータウェアハウス注6を活用してデータ分析を行う企業が増えています。例えば、TableauやPower BIといわれるBIツールを活用し、誰でもデータを見て意思決定できるようにしたり、GoogleのBigQueryやAmazonのRedshiftのようなデータウェアハウスに大量のデータをためて、機械学習や商品のレコメンデーション注7などに活用する企業も増えています。これもデータの量が膨大になり、データを活用した意思決定が重要だと認知されている証拠です。

　このようなデータ分析環境において、共通して必要となるスキルがSQLです。SQLはもともと、エンジニアがアプリケーションを開発するときや、データ取得のときに使う言語でした。そのため、プログラミングのような専門的な知識やスキルがある人しか使えないと思っている方も多いでしょう。しかし、データ分析が重要視される時代の中で、データの取得はエンジニアだけの仕事ではなくなってきています。ほしいデータをそのつどエンジニアに依頼していると、意思決定のスピードが遅くなってしまいます。現場で担当している人が自由にほしいデータを取得できると、より素早い意思決定も可能になります。

　さらに、SQLのよい点として汎用性の高さがあります。BIツールやデータ

注5)　BIとはBusiness Intelligenceの略で、BIツールは大量のデータを可視化したり分析したりすることができるツールです。

注6)　Data Ware Houseを略してDWHとも呼ばれています。データの倉庫といわれているように、アプリケーションに使われるデータベースとは別に大量のデータを保存するためのデータベースです。

注7)　顧客におすすめの情報を提供することです。例えば、「この商品を買ってる人はこれも買っています」のように、商品をすすめます。

ウェアハウスなど、データ分析を行うためのツールは数多く存在しますが、そのすべてにおいて共通するスキルがSQLです。BIツールやデータウェアハウスは、ツールによって使い方や特性が異なるので、ひとつひとつ覚える必要があります。しかし、SQLは基本となる書き方を覚えることで、これらすべてのツールの共通スキルとして活用することができます。

BIツールによるデータ分析

BIツールを活用する一番のメリットは、専門的なスキルがなくても、データの取得や分析ができる点です。自社のデータに連携させることで、誰でもデータが見える環境を作れるため、BIツールを使ってデータの可視化を行っている企業はとても多いです。

しかし、BIツールもデータ分析において万能ではありません。BIツールは分析よりもデータの「可視化」に特化したものが多いです。つまり、ほしいデータを試行錯誤して取るというよりも、あらかじめ決められたデータをグラフなどにして可視化するときに最適なのがBIツールです。例えば、会社の売上や顧客数など、常に見るべき指標を可視化するためには、BIツールは非常に便利です。しかし、ある商品を買った人が半年後、他にどんな商品を買っているのかなど、一時的にある条件のデータを確認したい場合、BIツールで対応するのは手間になる場合があります。

そういった場面で必要になるのがSQLです。SQLを使うことで、データウェアハウスに保存されているさまざまなデータを自由に取得することができます。BIツールで可視化しにくいデータも、データウェアハウスから直接SQLを使い、取得が可能です。また、BIツールからSQLを使って、データウェアハウスのデータも取得できます。つまり、SQLが使えることで、さまざまな分析環境でデータが扱いやすくなるため、データ分析に最も必要なスキルといっても過言ではありません。

このように、BIツールでは可視化しにくいデータでも、SQLを活用すること

で、自分が必要とするデータを直接取得することができます。BIツールやデータウェアハウスなどのデータ分析ツールを活用するときにも、SQLは重要なスキルです。

○図1-2：データウェアハウスとBIツールとSQL

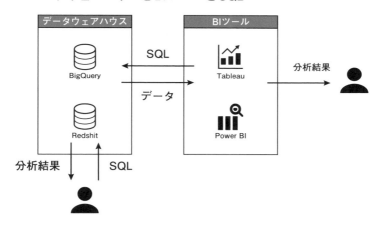

Excelによるデータ分析の限界

データ分析でよく使われるのがExcelです。Excelは誰もが知っていて、一度は使ったことがあり、優れたツールなのは間違いありません。しかし、Excelでデータ分析をすると、最大でも約100万行程度しかデータを扱うことができず、それ以上のデータを扱う場合は工夫が必要です。100万行扱えればそれだけで十分と思う方もいるかもしれませんが、データ量が増え続ける昨今、100万行以上のデータが必要になることもあります。

また、Excelはデータの量が増えれば増えるほど、処理の時間も増えます。Excelを使ってデータ分析をした方なら経験があると思いますが、データ量が多いとPCも重くなり、処理にも時間がかかります。せっかくデータ分析をしようとしても、処理に時間がかかったら効率が悪く、継続的にデータ分析をすることが難しくなってしまいます。つまり、Excelを使って大量のデータを処理するには限界があるということです。

　その点、SQLを使うと100万行程度のデータであれば数秒で処理することが可能です。100万行とはいわずSQLなら数千万、数億単位のデータも扱うことができます。さらに、それらの大量のデータを高速に取得できます。

　もちろん、Excelを使ったデータ分析とSQLを使ったデータ分析では考え方が違うので、一概に比較はできません。Excelにはデータの集計、グラフ化、関数を使った処理など、SQLだけでは実現できないさまざまな機能があります。例えば、Excelでは表にしたデータを棒グラフや円グラフに可視化できますが、SQL単体ではグラフを可視化することはできません。SQLはあくまでデータを高速に集計する手段として活用されるため、データの可視化については別途行う必要があります[注8]。

　そのため、大量のデータの集計にはSQLを使い、集計した結果をグラフで可視化するためにExcelを使う、といった活用方法もあります。著者もデータ分析をするとき、大量のデータをSQLで集計し、集計結果をExcelにまとめてグラフ化して、関係者に共有した経験があります。無理に大量のデータをExcelで集計するのではなく、データ集計にSQLを使うことで、作業も効率化させることができるのです。

データサイエンティストにも必須のSQL

　最近ではさまざまな企業でデータの活用が重要視されていることから、データアナリストやデータサイエンティストを目指す方も増えています。

　データアナリストとは、データ分析を使って企業のビジネスにおける意思決定を支援する職種です。データ分析を専門に行う必要があるため、BIツールなどデータ分析のためのさまざまなスキルが求められます。その中で最も必要なスキルの1つがSQLです。SQLのスキルがあればどんなBIツール、どんなデー

注8）　SQLを実行するツールによっては、集計結果の可視化もできる場合があります。例えば、Redashといわれるツールはデータウェアハウスの役割としてデータの蓄積からSQLの実行ができ、得られた結果をグラフに可視化することができます。

タウェアハウスを活用していても、必要なデータを素早く入手することができるため、重宝されます。

データサイエンティストも昨今非常に人気のある職種の1つです。例えば、2021年の横浜市長選挙で当選した横浜市長は、もともと国内外の大学や研究所でデータサイエンティストとして研究していました。また、宿泊予約事業・レストラン予約事業などを運営する株式会社一休の社長は、データサイエンティストとして会社の経営とデータ活用の業務を両立しています。このように、最近ではデータサイエンティストのスキルを持った方が、市長や社長として活躍されるケースも増えてます。

データサイエンティストもデータを使って企業のビジネスにおける意思決定を支援する職種ですが、データアナリストとの違いは、より高度なデータ分析スキルが求められる点です。データサイエンティストになるためには、エンジニアリング力、データサイエンス力、ビジネス力[注9]と非常に幅広い能力が求められます。そして、その中で最も基本的なスキルとして必要なのがSQLです。

データサイエンティストになるためには、Pythonや統計学の知識が必要だと考える方もいるでしょう。もちろん、データサイエンティストであればPythonなどのプログラミング言語能力も必要ですし、統計学や機械学習のような、より高度な専門知識も必要です。しかし、それらの前にまずはSQLを学習して、データを自由に扱えるスキルを身につけることが重要だと著者は考えます。

データアナリストもデータサイエンティストも、どちらもデータを扱うのが仕事です。しかし、データウェアハウスに保存されている企業のデータは、すべてが扱いやすいデータとは限りません。データの欠損やフォーマットの不一致など、何かしらの不整合が発生することはよくあります。そのようなときに、データの中身を確認するためのスキルとしてSQLが必要です。SQLはデータ分析をするときや、その前段階のデータの確認のためにも使うので、活用する

注9）データサイエンティスト協会が定義する3つのスキルセット。https://www.datascientist.or.jp/symp/2021/pdf/20211116_1400-1600_skill.pdf

場面は非常に多いです。

　このように、データを専門に扱う職種ではSQLは必須であり、最も活用の頻度が高いスキルでもあります。もちろん、データ分析を専門にしない営業職、マーケター、人事など幅広い職種でも、データを使った意思決定は今後必須になります。つまり、あらゆる職種においてデータを活用することが必須になり、そのためのスキルとしてSQLも重要になります。

SQLの基本的な概念

SQLとデータベースとテーブルについて

　ここからは、具体的にSQLがどういったものなのか、基本的な概念から解説します。SQLの概念はデータ分析においても重要なので、しっかりと理解しましょう。

　まず、SQLとはStructured Query Languageの略で、「エスキューエル」と呼ばれています。そして、SQLはデータベース上のテーブルに格納されたデータを取得するときに使う言語として活用されています。言語なのでプログラミング言語であると思われがちですが、PythonやJavaといったみなさんが思い浮かべるプログラミング言語とは異なります。SQLはプログラミング言語よりも複雑ではないので、学習コストも高くありません。

　SQLを理解するうえで重要な概念がデータベースとテーブルです。先ほど、SQLは「データベース上のテーブルに格納されたデータを取得するときに使う言語」と解説しました。そのため、まずはデータベースとテーブルについて解説していきます。それぞれ簡潔に解説すると次のとおりです。

データベース（Database）

　データベースとは、データを格納する大きな箱です。データベースにもいくつか種類がありますが、本書で扱うのはリレーショナルデータベース（RDB）です。リレーショナルデータベースは複数のテーブルによって構成されます。

テーブル（Table）

　テーブルとは、行と列によって構成されるデータです。Excelのシートのようなもので、表形式で管理されます。行のことをレコード、列のことをカラムとも呼びます。本書ではわかりやすさと、普段著者が使う言葉という理由から、行のことは「行」、列のことは「カラム」と呼びます。

○**図1-3：データベースとテーブル**

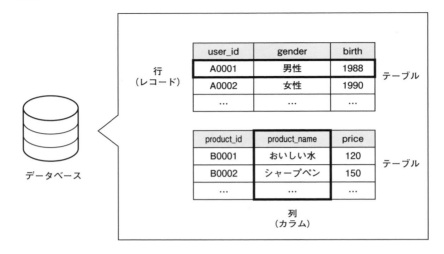

SQLとデータベースとテーブルの活用例

　ECサイトの運営を例にとって、データベースとテーブルについて解説します。Amazonや楽天、Yahoo!ショッピングのようなサイトをイメージしてください。ECサイトにはさまざまな機能が必要です。例えば、商品を検索する機能や、カートに商品を保存する機能、マイページで過去の購入履歴を確認する機能などです。そこで、一般的に使われるのがデータベースとテーブルとSQLです。

　ECサイトでは、まずお客様の名前や住所やメールアドレスなどの情報を保存する必要があります。また、どんな商品が販売されているのかを管理するための情報も保存する必要があります。そして、いつ誰がどんな商品を購入したのか、購入情報の記録も必要です。これらの情報をデータベースという大きな箱に保存し、会員情報、商品情報、購入履歴をテーブルという形で保存します。そしてSQLを使ってデータベースに問い合わせることで、必要なデータを取得することができます。

○図1-4：SQLとデータベースとテーブル

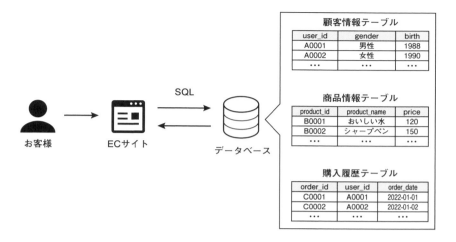

　もともとSQLはデータを取得するための言語で、主にアプリケーション開発など、エンジニアが必要なスキルとして活用されていました。しかし、昨今ではデータをビジネスで活用して意思決定をする機会が増えています。例えば、ECサイトの購入履歴を見て、ある人が毎月ペットボトルの水を購入していることがわかれば、水の定期便を提案したり、水と合わせてよく購入されている商品をおすすめすることで、1人あたりの購入金額を増やすことができます。このように、SQLはデータ分析でも活用され、売上を上げるなど、ビジネスに貢献するケースが増えています。

　SQLを使うことで、データベースにあるテーブルの情報を自由に参照することができます。本書では、エンジニアが使うようなECサイトの構築に必要なSQLの知識は紹介しません。ECサイトのデータをどのように活用するかというデータ分析の観点で、SQLについて解説します。

主なデータベースの種類と用途

　データベースにはMySQL、Oracle、PostgreSQL、SQLiteなど、さまざまな種類が存在します。ほとんど同じデータベースですが、それぞれ特徴が微妙に

違います。例えば、OracleはアメリカのOracle社が開発したデータベースで、主にセキュリティや障害に強い特徴があるため、大規模システムで活用されています。一方のMySQLは、オープンソースとして提供されているため、個人や小規模システムで活用されています。また、データベースはECサイトなどのアプリケーション開発にも使われますが、それ以外にもBIツールやデータウェアハウスで活用されています。例えば、BIツールとして知られているRedashでは、SQLiteというデータベースが使われています。

データウェアハウスは、複数のテーブルを保存するという意味で、データベースとほぼ同じです。データベースとの違いは用途にあります。データウェアハウスはデータ分析に特化したデータベースとして、通常のアプリケーションで使うデータベースと分けて使われることが多いです。例えば、データウェアハウスとして知られているAmazonのRedshiftでは、PostgreSQLというデータベースが使われています。

このように、データベースにはさまざまな種類と用途が存在ます。一概にどのデータベースが優れ、どんな使い方がよいかは判断ができないので、それぞれ用途に合わせて適切なデータベースが選択されています。

データベースの違いによるSQLの違い

データベースにはさまざまな種類が存在するため、活用のときには注意が必要です。なぜなら、データベースが変わると、データベースのテーブルから情報を取得するためのSQLも変化する部分があるからです。例えば、MySQLで使えるSQLとSQLiteで使えるSQLには微妙な違いがあります。そうなると、MySQL用のSQLとSQLite用のSQLとそれぞれ個別に覚えないとダメなのか？と不安になる方もいるかもしれません。しかし、その点はご安心ください。

データベースによってSQLに違いはありますが、基本的なSQLの書き方はどのデータベースでも同じです。データベースによって変わるのはSQLで使える関数やデータ型の種類などで、多少異なる程度です。SELECTやWHEREな

どのSQLの基本的な使い方に関しては、どのデータベースでもまったく同じです。なので、SQLを1つ覚えてしまえば、基本的にすべてのデータベースで使うことができます。

　ここでは、データベースが変わると使えるSQLも多少変わるということだけ頭の片隅に入れてもらえれば問題ありません。本書では、どのデータベースでも使えるSQLの共通部分について解説します。データベースの種類によるSQLの違いは、基本的な使い方を覚えたあとで少しずつ理解できればまったく問題ありません。

第 2 章

SQL実行のための
準備

SQLを学ぶうえで大事なことは、実際に手を動かすことです。自分でSQLを実行することで、どんなSQLを実行したらどんな結果が返ってくるのか、理解することができます。まずは、自分のPCでSQLを実行するための環境構築の方法について学んでいきましょう。

SQLiteを使ったデータ分析環境

軽量データベースの「SQLite」

　本書では、ハンズオン形式でSQLを学びます。そのために、みなさんのPCでもSQLが実行できるように、SQLiteというデータベースを使います。

　SQLiteは、さまざまなデータベースの中でも軽量で処理が早く、構築しやすいという特徴があります。通常、データベースを作成する場合はサーバを用意し、そこにデータベースをセットアップして使うのが一般的です。しかし、SQLiteはアプリケーションとしてデータベースを組み込むことができるので、自分でサーバを用意する必要がありません。今回はみなさんのPCにアプリケーションとしてSQLiteをインストールすることで、簡単にSQLの実行環境を構築することができます。

SQL実行ツールの「DB Browser for SQLite」

　SQLiteにあるテーブルから情報を取得するためのツールとして、DB Browser for SQLiteというアプリケーションを使います。これはSQLクライアント[注1]と呼ばれるツールで、データベースにあるテーブルの情報をSQLを使って取得することができます。SQLクライアントはさまざまな種類が存在しますが、SQLiteの場合はDB Browser for SQLiteが使いやすいので、本書でもこちらを使用します。

注1）　SQLクライアントとは、データベースに接続してSQLを実行するためのツールです。本書で扱うDB Browser for SQLite以外にも、SQL Workbench、DBeaverなど数多くのSQLクライアントが存在します。

SQL実行のための環境構築

本書で扱うサンプルデータ

　本書では、できるだけ実践で使えるデータ分析を意識したいので、架空のEC
サイトでデータ分析することを想定してSQLを学んでいきます。Amazonのよ
うなECサイトを担当していると思ってください。ECサイトにどんなデータが
あるのか、売上を上げるためにどのようなデータを見ればよいかなどをイメー
ジしながら学習しましょう。

　今回、データ分析で使うテーブルは次の3つです。一般的なECサイトを運営
するときは、もっと多くのテーブルが存在することがありますが、本書では特
に重要な3つのテーブルを使用します。

* users：顧客情報が格納されたテーブル
* products：商品情報が格納されたテーブル
* orders：ECサイトの購入履歴が格納されたテーブル

　具体的なデータとテーブル定義は次のとおりです。テーブル定義に記載され
ているデータの型は、第3章の「さまざまなデータの取得方法」で解説するの
で、ここではどんなテーブルを使うのかイメージできれば問題ありません。

usersテーブル
○データ例

user_id	gender	birth	is_deleted
A0001	女性	1979	0
A0002	女性	1983	0
A0003	男性	1990	0
A0004	女性	1992	0
A0005	女性	1988	0

○テーブル定義

カラム名	意味	型	備考
user_id	ユーザーID	TEXT	
gender	性別	TEXT	女性 / 男性
birth	誕生年	INTEGER	誕生年が数字で入ります
is_deleted	削除フラグ	INTEGER	0：通常ユーザー 1：削除ユーザー

productsテーブル

○データ例

product_id	name	price	large_category	medium_category	small_category
B001	美味しい水 500ml	59	食品	飲料水	水
B002	美味しい水 2l	120	食品	飲料水	水
B003	美味しい水 2l 6本セット	690	食品	飲料水	水
B004	パスタ 1kg	399	食品	麺	パスタ
B005	きゅうり 3本入り	159	食品	野菜	きゅうり

○テーブル定義

カラム名	意味	型	備考
product_id	商品ID	TEXT	
name	商品名	TEXT	
price	金額	INTEGER	
large_category	大カテゴリ	TEXT	
medium_category	中カテゴリ	TEXT	
small_category	小カテゴリ	TEXT	

ordersテーブル

○データ例

order_id	user_id	order_product_id	order_date	is_discounted	is_canceled
C000001	A0805	B057	2022-05-10	0	0
C000002	A0544	B050	2022-07-20	0	0
C000003	A0084	B023	2022-05-09	1	0
C000004	A0285	B036	2022-07-05	0	0
C000005	A0696	B038	2022-05-16	0	0

○テーブル定義

カラム名	意味	型	備考
order_id	購入ID	TEXT	
user_id	ユーザーID	TEXT	
order_product_id	商品ID	TEXT	
order_date	購入日	TEXT	
is_discounted	割引フラグ	INTEGER	0：割引なし 1：割引あり
is_canceled	キャンセルフラグ	INTEGER	0：キャンセルなし 1：キャンセルあり

データベースとテーブルの作成手順

　ここからは、実際にSQLを実行するための環境構築の手順を解説します。次の手順①から④にそって、自分のPCでSQLを実行する環境を構築しましょう。サンプルとして載せている画像は、macOSで操作したものです。一部Windowsで操作したときの画像も載せてますが、macOSでもWindowsでも基本的には同じ操作ですので、手順通り進めれば問題ありません。

①サンプルデータのダウンロード

　今回のハンズオンで使う顧客情報テーブル、商品情報テーブル、購入履歴テーブルの3つのテーブルの元データを準備します。3つのテーブルの元データはCSVファイルで用意されているので、まずはCSVファイルをダウンロードします。次のページにアクセスして、「Source code (zip)」からZIPファイルをダウンロードしましょう。

https://github.com/hikarut/SQL-Sample-Data/releases/latest

○図2-1：CSVファイルのダウンロード

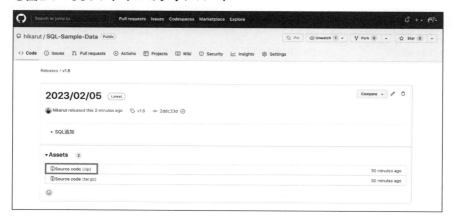

　　ZIPファイルを解凍するとCSVフォルダとSQLフォルダがあります。CSV
フォルダの中に顧客情報（users.csv）、商品情報（products.csv）、購入履歴
（orders.csv）の3つのCSVファイルが確認できればOKです。

○図2-2：CSVファイル設置場所

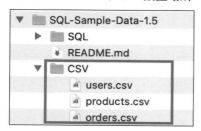

　　ちなみに、SQLフォルダにはハンズオンで使うSQLが入っています。「.sql」
の拡張子でファイルが入っていますが、テキストエディタなどで起動すると
SQLを確認することができます。本書でもハンズオンのSQLは記載してあり
ますが、PCでSQLを確認したいときに活用ください。また、SQLは以下URL
から確認できます。

https://github.com/hikarut/SQL-Sample-Data/tree/main/SQL

②DB Browser for SQLite のインストール

　SQLite のデータベースに接続して、SQL を実行するためのツールをインストールします。本書では DB Browser for SQLite を使用します。まずは、次のページにアクセスしてください。

https://sqlitebrowser.org/dl/

○図2-3：DB Browser for SQLite ダウンロードページ

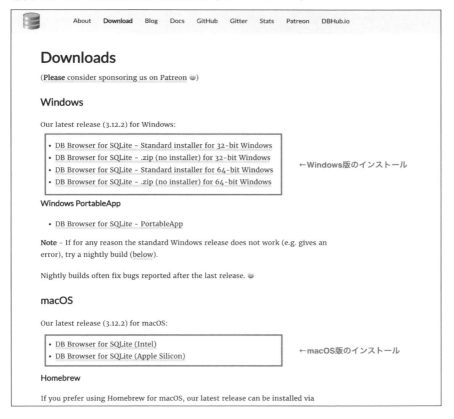

　DB Browser for SQLite は PC の環境に合わせてダウンロードするファイルが異なります。Windows 版、macOS 版とそれぞれ自分が使っている PC に合わせて必要なアプリケーションをダウンロードしてください。

　macOS版の場合は、DB Browser for SQLiteのダウンロードファイルを起動して、図2-4のようにアプリケーションフォルダ内に保存します。すると、アプリケーションからDB Browser for SQLiteが起動できるようになります。

○図2-4：DB Browser for SQLiteのインストール（macOS版）

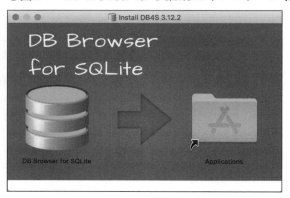

　Windows版の場合は、「Standard installer」からアプリケーションのインストールができます。Windows版のインストール方法は図2-5から図2-10までを参考にしてください。図2-7のようにアプリケーションのショートカットとしてデスクトップとプログラムメニューにチェックを入れると、あとからDB Browser for SQLiteの起動がしやすくなります。

○図2-5：DB Browser for SQLiteのインストール（Windows版①）

○図2-6：DB Browser for SQLiteのインストール（Windows版②）

○図2-7：DB Browser for SQLiteのインストール（Windows版③）

○図2-8：DB Browser for SQLiteのインストール（Windows版④）

○図2-9：DB Browser for SQLiteのインストール（Windows版⑤）

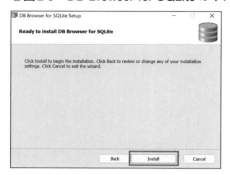

○図2-10：DB Browser for SQLiteのインストール（Windows版⑥）

③データベースの作成

　SQLクライアントをインストールしたら、次はデータベースを作成します。手順②でインストールしたDB Browser for SQLiteを起動してください。アプリケーションを起動したら、左上にある「新しいデータベース」というボタンをクリックします。

○図2-11：DB Browser for SQLiteの起動

「新しいデータベース」をクリックすると、図2-12のようにデータベース作成の画面に切り替わります。すでに作成済のデータベースファイルがあれば、そちらをもとにすることができます。今回は新規作成なので、名前をつけて新しくデータベースを作成します。ここでは「test」という名前のデータベースを作成していますが、任意の名前をつけて問題ありません。

○図2-12：データベースの作成

データベース作成後、テーブルを作成する画面が出ます。テーブルはあとからCSVファイルをもとに作成するため、テーブル作成はキャンセルします。

○図2-13：テーブル作成のスキップ

④CSVファイルからテーブル作成

　次はCSVファイルをもとにして3つのテーブルを作成します。DB Browser for SQLiteの「ファイル」＞「インポート」＞「CSVファイルからテーブルへ」を選択します。

○図2-14：CSV ファイルからテーブルへ

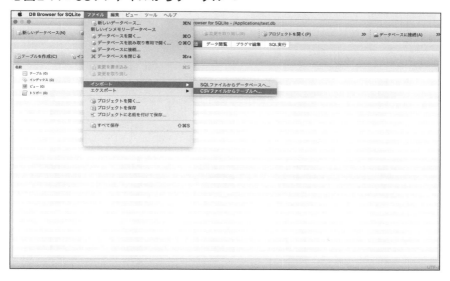

第2章

すると、CSVファイルを選択する画面に切り替わります。手順①でダウンロードしたCSVファイルがあるフォルダを選択して、インポートするCSVファイルを選択します。

○図2-15：CSV ファイルの選択

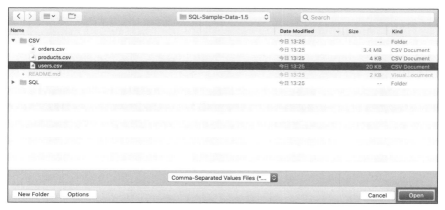

　CSVファイルを選択すると、実際にデータの読み込み画面が表示されます。ここでは「先頭行をカラム名に」にチェックを入れて、エンコードはUTF-8を選択してください。すると、プレビューとして実際に読み込まれるデータの一部が表示されます。日本語などに文字化けがないことを確認して、問題なければ「OK」ボタンを押してください。もし日本語に文字化けがなどがあった場合は、エンコードで文字コードを変更してください。

○図2-16：CSVファイルインポート

　このCSVファイルの読み込みをusers.csv、products.csv、orders.csvの3つのファイルそれぞれで実行します。すると、3つのテーブルが作成されます。「データベース構造」から3つテーブルが確認できれば大丈夫です。これで、SQLを

実行するための環境構築は完了です。

○図2-17：テーブル作成完了

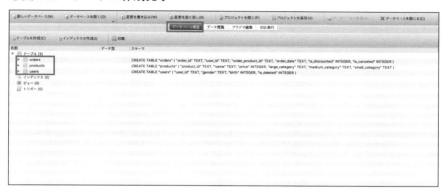

SQL実行ツールの使い方

SQLの実行

　このあと本書を読み進めるために、ハンズオンで用いるDB Browser for SQLiteの使い方を簡単に紹介します。DB Browser for SQLiteにはさまざまな機能が存在しますが、ここではよく使う機能について解説します。

　まず、SQLの実行は「SQL実行」のタブから行います。「SQL実行」のタブを開くと、上部にテキストエディタが表示されるので、そちらにSQLを記述します。記述したSQLを実行するには、画面にある三角マークの実行ボタンをクリックします。すると、SQLの実行結果が画面上に表示されます。もしSQLにエラーがあれば、画面一番下のエリアにエラー内容が表示されます。

○図2-18：SQLの実行

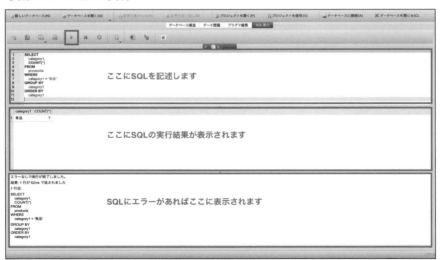

　また、画面上では複数のSQLをタブとして何個も表示できます。画面左側にあるプラスボタンを押すと、新しいSQLタブが表示されます。複数のSQLを

実行したい場合は、タブを有効に活用しましょう。

○図2-19：タブを開く

アプリケーションの保存

最後にアプリケーションを保存する方法を紹介します。今回はハンズオン用に、CSVファイルのテストデータから3つのテーブルを作成しました。作成したテーブルを保存したり、実際に記述して実行したSQLを保存することで、一度アプリケーションを閉じても、再度同じ状態から起動できます。ファイルに保存するためには、「ファイル」＞「プロジェクトに名前をつけて保存」を押します。保存するときのファイル名は、任意の名前をつけて問題ありません。

○図2-20：名前をつけて保存

　ファイルに保存すると、「.sqbpro」という拡張子でデータが保存されます。前
回保存した状態から作業したいときは、この「.sqbpro」のファイルを起動しま
す。もし「.sqbpro」がうまく起動できない場合は、DB Browser for SQLiteを
先に起動したあと、「データベースを開く」から「.sqbpro」ファイルを選択す
ると、保存したデータを起動できます。

○図2-21：sqbproファイルの起動

第 3 章

大量のデータから
必要なデータを
取得する
～ SELECT / LIMIT / ORDER BY ～

本章では、SQLの基本的な構文を解説します。データを取得する
ときに使うSELECT文を中心に、SQLの構文について学んでいき
ましょう。

SQLの基本構文

SQLでよく使われるSELECT文

　まずは、SQLの基本となるSELECT文を見てみましょう。SELECT文はSELECTから始まり、FROMやWHEREなどの句と呼ばれる要素を組み合わせて実行することで、データを取得することができます。データ分析では、SELECT文が最もよく活用されるため、本書で扱うSQLは基本的にSELECT文のことを指します注1。また、SQLやSELECT文のことをクエリとも呼びます。

　第1章の「SQLの基本的な概念」で解説したとおり、SQLはデータベース上のテーブルに格納されたデータを取得するときに使う言語です。SQLの構文はSQLという言語を使って書かれた命令文の書き方のことです。つまり、SQLを使ったデータ分析をするためには、SQLの構文を理解する必要があります。

　まずは、SQLの基本構文を理解するためにSQL3-1を見ながら全体像を解説します。詳細については次章以降で解説するので、ここではSQLの大枠だけ理解できれば問題ありません。

○SQLの基本構文

```
SELECT
      カラム名
FROM
      テーブル名
WHERE
      条件
GROUP BY
    グループ条件カラム
ORDER BY
    並び順指定カラム
```

注1）　SQLの構文にはデータを取得するSELECT文以外にも、データを更新するUPDATE文や、データを削除するDELETE文などがあります。データ分析においてUPDATE文やDELETE文は使用頻度が低いため、本書では取り扱いません。本書ではより使用頻度の高いSELECT文に焦点を当てます。

○ SQL3-1

```
SELECT
    large_category,
    COUNT(*)
FROM
    products
WHERE
    large_category = '食品'
GROUP BY
    large_category
ORDER BY
    large_category
```

第3章

SELECT

　SELECTは出力するデータを指定する句です。SQL3-1ではlarge_categoryとCOUNT(*)という2つのデータを取得しています。出力するデータには、テーブルのカラム（列）を指定したり、複数の行を計算してまとめた結果などを指定することができます。2つ以上のカラムを取得するときは、カンマ(,)をつけて複数記述します。複数の行をまとめて取得する方法は、第4章の「複数のデータを特定の切り口でまとめる」で解説します。

FROM

　FROMはどのテーブルからデータを取得するのか指定する句です。SQL3-1では商品情報テーブル（products）からデータを取得しています。

WHERE

　WHEREはデータを取得するときに条件をつける句です。SQL3-1ではWHERE large_category = '食品'という条件をつけて、大カテゴリ（large_category）の中から「食品」のデータだけを取得しています。WHEREの詳細については、第5章の「特定の条件をつけてデータを取得する」で解説します。

GROUP BY

　GROUP BYは特定の切り口でデータを集計をするための句です。SQL3-1ではGROUP BY large_categoryというグループ条件を指定しているため、

大カテゴリ（large_category）ごとのデータが集計されます。GROUP BY
の詳細については、第4章の「複数のデータを特定の切り口でまとめる」で解
説します。

ORDER BY

　ORDER BYは出力結果の並び順を指定する句です。SQL3-1ではORDER BY
large_categoryという並び順を指定しているため、大カテゴリ（large_
category）の昇順で結果が出力されます。ORDER BYの詳細については、本
章の「さまざまなデータの取得方法」で解説します。

SELECT文の実行

　SQLの基本構文を理解したうえで、まずはSQL3-2を実行してみましょう。
SQL3-2では、商品情報テーブル（products）にどんなデータが入っている
かを確認し、商品ID（product_id）と商品名（name）を指定してデータを
取得しています。

★ハンズオン〜SQLを実行してみよう〜
○SQL3-2

```
SELECT
    product_id,
    name
FROM
    products
```

○図3-1：SQL3-2の実行結果

	product_id	name
1	B001	美味しい水 500ml
2	B002	美味しい水 2l
3	B003	美味しい水 2l 6本セット
4	B004	パスタ 1kg
5	B005	きゅうり 3本入り
6	B006	トマト 大
7	B007	トマト 小
8	B008	鉛筆 5本セット
9	B009	消しゴム
10	B010	シャーペン

　このように、SELECT文を活用するときはどんなテーブルがあり、そのテーブルにはどんなカラムがあるのかを把握して、必要な情報を取得することが重要です。

SQLの基本的な考え方

　データ分析でSQLを実行するときは、第1章の「SQLの基本的な概念」で解説したテーブルの概念が重要です。つまり、SQLを実行するとは既存のテーブルをもとに新しいテーブルを作成することです。いろいろなデータがテーブルに存在している中で、どのテーブルの行あるいはカラムを取得するのか、どんな条件でデータを取得するのか、どのようにテーブルを組み合わせるのかを考えて、新しいテーブルを作成する。これがSQLを実行するということです。

　このように、SQLを実行することで新しいテーブルが出力されるというイメージを持つと、どんなSQLを書く必要があるのか考えやすくなります。データ分析では、既存のテーブルをもとに新しいテーブルを作成するという考え方で、SQLを学んでいきましょう。

○**図3-2：SQLの基本的な考え方**

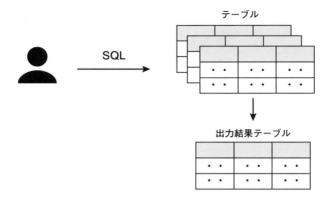

SQL 記述の注意点

半角スペースと改行

　SQLを書くときはSQL3-3やSQL3-4のようにSELECTやWHEREなどの間には半角スペースまたは改行を入れる必要があります。SQL3-5のように半角スペースや改行を入れずに連続して記述すると、データベースがSQLを解釈することができずに、エラーになります。また、半角スペースではなく、全角スペースの場合はエラーになってしまうので気をつけましょう。半角スペースや改行はどれだけ入れても大丈夫なので、誰が見てもSQLの内容がわかるように整形するのが一般的な書き方です。

　また、SQLの最後にはセミコロン（;）を入れるのが一般的です。複数のSQLを同時に実行するときは、セミコロンでSQLを区切らないとエラーになります。ただし、SQLが1つだけのときは、セミコロンがなくても実行できる場合が多いです。本書で扱うDB Browser for SQLiteや、他のSQLクライアントを使う場合も、SQLが1つだけのときはセミコロンがなくても問題ありません。したがって、本書の記載ではセミコロンを省略しています。

○ SQL3-3（半角スペースが入っている）

```
SELECT large_category FROM products;
```

○ SQL3-4（改行が入っておりセミコロンが省略されている）

```
SELECT
    large_category
FROM
    products
```

○ SQL3-5（半角スペースが入っていない）

```
SELECTlarge_categoryFROMproducts
```

大文字と小文字

　SQLでは、基本的に大文字と小文字は区別されず、どちらで書いても同じ結果が得られます。ただし、SELECTやFROMなどの予約語は、大文字で書くという慣習があります。予約語とは、SQLを書くときにあらかじめ意味が定義されている言葉のことです。SELECT、FROM、COUNTなどは、SQLを書くときに特別な意味を持っている言葉としてあらかじめ定義されています。そのため、予約後はテーブル名やテーブルのカラム名にも使うことができないので、注意しましょう。

　しかし、実際にデータ分析でSQLを書くときは、予約語を大文字で書くと手間になる場合があるため、すべて小文字で書くこともあります。予約語は小文字で書いても、エラーになることはありません。したがって、SQL3-6やSQL3-7のように大文字でも小文字でもわかりやすいほうで記述して問題ありません。本書では、わかりやすさを重視して、予約語は大文字で記述します。

○ SQL3-6（すべて小文字）

```
select large_category from products
```

○ SQL3-7（大文字と小文字が混ざっている）

```
SELECT large_category FROM products
```

コメント

　SQLでは、どんな処理をしているのか日本語でコメントをつけることができます。単純なSQLであれば、見ただけでどんな処理をしているか解釈できますが、複雑になればなるほど、解釈も難しくなります。そのようなときは、SQLの中に日本語でコメントを書くことで、どんな処理をしているのか他の人が見ても解釈しやすいようにできます。SQL3-8のように1行のコメントであれば、

ハイフン（–）を2つ連続でつけて、そのあとにコメントを入れます。また、複数行のコメントをつけるときは、SQL3-9のように / * から * / の間にコメントを入れます。

◯ SQL3-8（1行のコメント）

```
SELECT
    product_id, -- 商品ID
    name -- 商品名
FROM
    products
```

◯ SQL3-9（複数行のコメント）

```
/*
商品情報テーブルから必要なデータを取得する

products：商品情報テーブル
product_id：商品ID
name：商品名
*/

SELECT
    product_id,
    name
FROM
    products
```

さまざまなデータの取得方法

データの型

　SQLで取得できるテーブルのカラムには型が存在します。型とは、どんなデータが入っているのかをあらかじめ定義したものです。数字が入っているのか、文字列が入っているのかなど、さまざまなデータの型が存在します。型が決まると、そこには指定したデータの型しか入りません。例えば、数字を入れる型に文字列を入れることはできません。このように、データの型はあらかじめ決まっているため、データ分析をするときには、型に合わせてデータを取得しなければならない場合があります。データの型も重要な概念なので、理解しておきましょう。

　データの型は扱うデータベースによって多少異なります。例えば、MySQLで扱うデータ型と、SQLiteで扱うデータ型は異なります。ただし、多くの場合どのデータベースでも同じようなデータ型を扱っているので、基本的なデータ型を理解しておけば問題ありません。今回は、SQLiteで使われる5つの型について紹介します。

INTEGER

　「34」や「1500」などの整数を入れるデータ型です。ユーザーの年齢や商品の金額など、整数を入れるときにはINTEGERを使用します。

REAL

　「0.8」や「35.2」などの小数を入れるデータ型です。消費税や割合など、小数を入れるときにはREALを使用します[注2]。

TEXT

　「A0001」や「おいしい水」などの文字列を入れるデータ型です。ユーザー

注2）　他のデータベースで小数を表すときは、FLOAT、DOUBLE、DECIMALなどが使われることもあります。

 IDや商品名など、文字列を入れるときはTEXTを使用します注3。

NULL

NULL値を入れるデータ型です。NULLとは値が何もない、空の状態を意味します。

BLOB

Binary Large Objectの略で、任意のデータを保存できるデータ型です。画像、動画、実行ファイルなどを保存するときはBLOBを使用します注4。

その他の型

その他のデータベースでよく使うデータの型として、DATEやTIMESTAMPなど日付を格納する型があります。これらは日付のデータを扱うときによく使用しますが、本書で扱うSQLiteにはDATEやTIMESTAMPなど日付を扱う型は存在しません。SQLiteで日付を扱う場合は、TEXTあるいはINTEGERで代用する必要があります。

すべてのデータを取得する「アスタリスク」

SELECTを使うと、テーブルにあるカラム名を指定して必要なデータを取得できます。取得したいカラムが複数ある場合は、カンマをつけてデータを取得できますが、すべてのカラムを取得する方法も存在します。それがアスタリスク（*）を使用する方法です。

まずは、SQL3-10を実行して、どんな結果が得られるのか確認してみましょう。SQL3-10では、テーブルにあるカラムをすべて取得するアスタリスク（*）を使っています。SELECTのあとにアスタリスクを指定することで、テーブルにある情報をすべて取得できます。データ分析をするときに、どのテーブルにどのようなデータが入っているのか、データの中身を確認したいことはよくあ

注3）他のデータベースで文字列を表すときは、CHAR、VARCHARなどが使われることもあります。
注4）BLOBはデータ分析ではほとんど使うことはないので、覚えなくても大丈夫です。

ります。そのようなときに、SELECT ＊を使って実際のデータを確認することができます。

★ハンズオン〜SQLを実行してみよう〜

○SQL3-10

```
SELECT
    *
FROM
    products
```

○図3-3：SQL3-10の実行結果

	product_id	name	price	large_category	medium_category	small_category
1	B001	美味しい水 500ml	59	食品	飲料水	水
2	B002	美味しい水 2l	120	食品	飲料水	水
3	B003	美味しい水 2l 6本セット	690	食品	飲料水	水
4	B004	パスタ 1kg	399	食品	麺	パスタ
5	B005	きゅうり 3本入り	159	食品	野菜	きゅうり
6	B006	トマト 大	250	食品	野菜	トマト
7	B007	トマト 小	150	食品	野菜	トマト
8	B008	鉛筆 5本セット	300	日用品	文房具	筆記用具
9	B009	消しゴム	100	日用品	文房具	筆記用具
10	B010	シャーペン	150	日用品	文房具	筆記用具

　ただし、SELECT ＊は注意して使う必要があります。アスタリスクを使うとすべてのカラムを取得するため、データ量が多くなり、処理が遅くなる場合があります。大量のデータを高速に処理できるSQLとはいえ、データの量が多くなればなるほどデータ取得の効率は下がります。例えば、テーブルのカラム数が全部で100以上あると、100列すべてを取得するのはかなり非効率です。そのため、SELECT ＊の使用はなるべく避けるのが、データ分析でも一般的です。

　データの中身を確認したいときは、出力結果の件数を制限するLIMITを使うことで、処理が遅くならないようにすることができます。そのため、データの中身を確認したいときは、SELECT ＊とLIMITを使用することをおすすめします（LIMITの詳細については本章の「集計結果の一部を素早く確認する」

で解説します)。

名前をつけてデータを取得する「AS」

　SQLを実行すると、結果として新しいテーブルが出力されます。出力結果テーブルでは、取得したデータがどんなデータなのか解釈がしやすいように、カラム名にわかりやすい名前をつけることができます。そのときに活用できるのが、ASを使って出力結果テーブルのカラム名に別名をつける方法です。

　SQL3-11、SQL3-12を実行して、それぞれどんな結果が得られるのか確認してみましょう。SQL3-11では、SELECTで指定したカラムのあとにASをつけて、「商品ID」と「商品名」という別名をつけています。それによって、出力結果テーブルのカラム名もそれぞれ「商品ID」と「商品名」に変わります。同じようにSQL3-12では、ASを使って「id」と「na」という別名をつけており、出力結果テーブルのカラム名も「id」と「na」に変わっています。

★ハンズオン〜SQLを実行してみよう〜
○ SQL3-11

```
SELECT
    product_id AS 商品ID,
    name AS 商品名
FROM
    products
```

○図3-4：SQL3-11の実行結果

	商品ID	商品名
1	B001	美味しい水 500ml
2	B002	美味しい水 2l
3	B003	美味しい水 2l 6本セット
4	B004	パスタ 1kg
5	B005	きゅうり 3本入り
6	B006	トマト 大
7	B007	トマト 小
8	B008	鉛筆 5本セット
9	B009	消しゴム
10	B010	シャーペン

○SQL3-12

```
SELECT
    product_id AS id,
    name AS na
FROM
    products
```

○図3-5：SQL3-12の実行結果

	id	na
1	B001	美味しい水 500ml
2	B002	美味しい水 2l
3	B003	美味しい水 2l 6本セット
4	B004	パスタ 1kg
5	B005	きゅうり 3本入り
6	B006	トマト 大
7	B007	トマト 小
8	B008	鉛筆 5本セット
9	B009	消しゴム
10	B010	シャーペン

このように、SELECTで指定したカラム名のあとにASをつけることで、出力結果テーブルのカラム名に別名をつけることができます。別名をつけるときは、日本語でも英語でも好きな文字を設定することができます。

集計結果の一部を素早く確認する

SQLの特徴の1つに、大量のデータを素早く取得できるというものがあります。SQLは数千万行、場合によって数億以上のデータを集計するときにも使われます。しかし、テーブルにあるすべてのデータを出力するのは非効率です。そこで活用されるのがLIMITです。LIMITを活用することで、集計結果の件数を制限してデータを取得することができます。

LIMITの使い方を理解するためにSQL3-13、SQL3-14を実行して、出力結果の違いを確認してみましょう。SQL3-13では、商品情報テーブルにあるすべての情報を出力しています[5]。一方でSQL3-14では、LIMIT 5がついているため、商品情報テーブルから上位5件だけ出力されます。LIMITはSELECT文の一番最後に記述することで、出力結果の件数を制限することができます。

★ハンズオン〜SQLを実行してみよう〜
○ SQL3-13

```
SELECT
    *
FROM
    products
```

注5) 図3-6では出力結果のうち一部のみを表示してありますが、実際にはすべての情報が出力されます。

○図3-6：SQL3-13の実行結果

	product_id	name	price	large_category	medium_category	small_category
1	B001	美味しい水 500ml	59	食品	飲料水	水
2	B002	美味しい水 2l	120	食品	飲料水	水
3	B003	美味しい水 2l 6本セット	690	食品	飲料水	水
4	B004	パスタ 1kg	399	食品	麺	パスタ
5	B005	きゅうり 3本入り	159	食品	野菜	きゅうり
6	B006	トマト 大	250	食品	野菜	トマト
7	B007	トマト 小	150	食品	野菜	トマト
8	B008	鉛筆 5本セット	300	日用品	文房具	筆記用具
9	B009	消しゴム	100	日用品	文房具	筆記用具
10	B010	シャーペン	150	日用品	文房具	筆記用具

○SQL3-14

```
SELECT
    *
FROM
    products
LIMIT 5
```

○図3-7：SQL3-14の実行結果

	product_id	name	price	large_category	medium_category	small_category
1	B001	美味しい水 500ml	59	食品	飲料水	水
2	B002	美味しい水 2l	120	食品	飲料水	水
3	B003	美味しい水 2l 6本セット	690	食品	飲料水	水
4	B004	パスタ 1kg	399	食品	麺	パスタ
5	B005	きゅうり 3本入り	159	食品	野菜	きゅうり

　データ分析では大量のデータを扱うことが多いため、基本的には SELECT * FROM テーブル名のようなすべてのデータを取得する SQL を使うのはあまりよくないとされています。むやみにすべてのデータを取得しようとすると、SQL の処理に時間がかかってしまうからです。

　例えば、今回のように商品情報テーブルにどんなデータが入っているのか、データの具体的な中身について確認したい場合には、LIMIT をつけることをお

すすめします。LIMITをつけないとすべてのデータを取得することになるので、仮にそのテーブルにデータが数億件以上入っていると、それがすべて出力されることになり、SQLの処理にも時間がかかります。特に、すべてのデータを取得するアスタリスク（*）を使う場合には、出力するカラム情報もさらに増えるので、データの中身を確認したいときはSQLのLIMITと組み合わせて、データを取得することを意識しましょう。

集計結果の並べ替え

SQLで集計した結果は、基本的には並び順に規則性はありません。そこで、決まった並び順で結果を確認したいときは、ORDER BYを使うことで、SQLの結果を並び替えることができます。

SQL3-15、SQL3-16を実行して出力結果の違いを確認してみましょう。SQL3-15では、出力結果がどんな順番で出力されるのかは明示されていません。一方でSQL3-16では、ORDER BY price ASCという並び順が指定されています。この場合は商品の金額（price）が安い順に結果が出力されます。

ORDER BYを使うときは、どのカラムで並び替えるか、何順で並び替えるかの2つを指定する必要があります。SQL3-16ではORDER BY priceと記述してあるため、商品の金額（price）で並び替えるようになっています。何順で並び替えるかは、値が小さい順番で並び替えるのが昇順、値が大き順番で並び替えるかのが降順です。SQL3-16ではprice ASCと記述があるため、昇順で並び替えます。降順で並び替えたい場合は、ASCの代わりにDESCを使います。ASCとDESCは省力できますが、その場合はASCと同じ昇順で並び替えられます。

- ORDER BY price ASC → 昇順（小さい順）で並び替え
- ORDER BY price DESC → 降順（大きい順）で並び替え
- ORDER BY price → 昇順（小さい順）で並び替え

★ハンズオン～SQLを実行してみよう～

○SQL3-15

```
SELECT
    product_id,
    name,
    price
FROM
    products
```

○図3-8：SQL3-15の実行結果

	product_id	name	price
1	B001	美味しい水 500ml	59
2	B002	美味しい水 2l	120
3	B003	美味しい水 2l 6本セット	690
4	B004	パスタ 1kg	399
5	B005	きゅうり 3本入り	159
6	B006	トマト 大	250
7	B007	トマト 小	150
8	B008	鉛筆 5本セット	300
9	B009	消しゴム	100
10	B010	シャーペン	150

○SQL3-16

```
SELECT
    product_id,
    name,
    price
FROM
    products
ORDER BY
    price ASC
```

○図3-9：SQL3-16の実行結果

	product_id	name	price
1	B001	美味しい水 500ml	59
2	B009	消しゴム	100
3	B011	ボールペン	100
4	B002	美味しい水 2l	120
5	B007	トマト 小	150
6	B010	シャーペン	150
7	B005	きゅうり 3本入り	159
8	B006	トマト 大	250
9	B008	鉛筆 5本セット	300
10	B019	ボディソープ 300ml	300

また、ORDER BYは複数のカラムを指定して並び替え条件を設定できます。

SQL3-17を実行して出力結果を確認してみましょう。SQL3-17では、ORDER BYのあとにprice DESCとlarge_category ASCの2つの並び替え条件が指定されています。これは、最初に商品の金額（price）を降順で並び替えたあと、大カテゴリ（large_category）を昇順で並び替えています。つまり、商品の金額で並び替えたときに、同じ金額があった場合は大カテゴリの名前で昇順に並び替えます。このように、ORDER BYはカンマ区切りで複数の並び替え条件を指定することができます。

★ハンズオン～SQLを実行してみよう～

○SQL3-17

```
SELECT
    product_id,
    name,
    price,
    large_category
FROM
    products
ORDER BY
    price DESC,
    large_category ASC
```

○図3-10：SQL3-17の実行結果

	product_id	name	price	large_category
1	B044	レザーソファ3人掛け	35000	インテリア
2	B050	トートバッグ	30000	ファッション
3	B055	ゲーム機	30000	電化製品
4	B029	電子レンジ	29000	日用品
5	B057	美顔器	23000	電化製品
6	B042	食器棚　横幅90cm	22000	インテリア
7	B041	ペアグラス	20000	日用品
8	B049	腕時計	15000	ファッション
9	B025	ナイトクリーム	15000	日用品
10	B026	美容液	13000	日用品

　ORDER BYの昇順と降順は、主に値が数字の場合に使われますが、文字列でも並び替えることができます。文字列の場合は、基本的に昇順があいうえお順（アルファベット順の辞書順）、降順がその逆という形で並び替えられます。ただし、文字列には平仮名、カタカナ、アルファベット、漢字などさまざまな文字が入ります。そのため、ORDER BYで文字列を並び替えるときは、意図した順番に並び替えがされているか十分に確認しましょう。

データ分析における 「SELECT」の考え方

　SELECTを使うことで、テーブルから必要なカラムを指定してデータを取得できます。すべてのカラムを取得するにはアスタリスク（*）を使いますが、基本的には必要なカラムを指定してデータを取得することが重要です。SQLの基本的な考え方で解説したとおり、SQLを実行するとは既存のテーブルをもとに新しいテーブルを作成することです。図3-11のように、既存のテーブルから必要なカラムだけの出力結果テーブルを求めることがSELECTで重要な考え方です。

　また、SELECTで大事なことは、どんなテーブルが存在して、そのテーブルにどんなデータが入っているかを確認することです。一般的には、テーブル定義書と呼ばれるテーブルの情報をまとめたドキュメントがあることが多いので、その情報を確認しながらデータを取得しましょう。もしテーブル定義書がなければ、SELECT * とLIMITを活用して、テーブルにどんなデータが入っているのか確認することができます。本書のサンプルデータとして活用しているテーブル定義書は、第2章の「SQL実行のための環境構築」にあります。どのテーブルにどんなデータが入ってるか見たいときは、テーブル定義書を確認しましょう。

○図3-11：SELECTの考え方

商品情報テーブル

product_id	name	price	category
B0001	おいしい水	120	食品
B0002	シャープペン	150	文房具
B0003	腕時計	15000	ファッション
・・・	・・・	・・・	・・・

出力結果テーブル

product_id	name
B0001	おいしい水
B0002	シャープペン
B0003	腕時計
・・・	・・・

演 習 問 題

問3-1

　商品情報テーブル（products）からnameとlarge_categoryのデータを取得してください。また、nameは「商品名」、large_categoryは「カテゴリ」と別名をつけて出力してください。

問3-2

　顧客情報テーブル（users）から誕生年（birth）が大きい順に並び替えてユーザー ID（user_id）と誕生年を出力してください。

解答3-1

解答例

```
SELECT
    name AS 商品名,
    large_category AS カテゴリ
FROM
    products
```

実行結果

	商品名	カテゴリ
1	美味しい水 500ml	食品
2	美味しい水 2l	食品
3	美味しい水 2l 6本セット	食品
4	パスタ 1kg	食品
5	きゅうり 3本入り	食品
6	トマト 大	食品
7	トマト 小	食品
8	鉛筆 5本セット	日用品
9	消しゴム	日用品
10	シャーペン	日用品

解説

　商品情報を取得する場合はproductsテーブルを参照しましょう。取得したいデータはSELECTのあとに指定し、別名をつけたい場合はAS使って別名をつけて出力します。

解答3-2

解答例

```
SELECT
    user_id,
    birth
FROM
    users
ORDER BY
    birth DESC
```

実行結果

	user_id	birth
1	A0047	2003
2	A0088	2003
3	A0217	2003
4	A0565	2003
5	A0696	2003
6	A0821	2003
7	A0225	2002
8	A0721	2002
9	A0033	2001
10	A0080	2001

解説

　顧客情報を取得する場合はusersテーブルを参照しましょう。ORDER BY birth DESCを使って誕生年を大きい順に並び替えます。SELECTのあとにはユーザー ID（user_id）と誕生年（birth）を指定して、必要なデータを出力します。

第 4 章

複数のデータを
集約して1つに
まとめる
〜 集約関数 / GROUP BY / DISTINCT 〜

データ分析でよく使うのがデータの集約です。大量のデータをまとめて確認するのは、データ分析でとても重要なことです。
本章では、月ごとの売上を合計したり、購入者数を集計するために活用される集約関数について学んでいきましょう。

さまざまなデータを処理する関数

関数とは

　SQLでは、さまざまな観点でデータ分析をするために、関数を活用することが多いです。関数とは、なんらかのデータをインプットすることで特定の結果をアウトプットする処理のことです。インプットとして与えるデータのことを引数、アウトプットとして出力されるデータのことを戻り値と呼びます。

　例えば、「たし算」という関数があるとします。数字の「1」と「2」という2つの引数を関数にインプットすることで、戻り値として「3」という値を返します。この「たし算」という処理が関数と呼ばれるものです。

○図4-1：関数とは

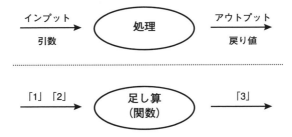

SQLで使われる関数

　実際にSQLiteで使われる関数についていくつか紹介します。関数は非常に多く存在しますが、ここではよく使う関数の一部だけ解説します。

○SQLiteでよく使われる関数の一部

関数	意味
CAST	データの型を変換する
DATE	現在の日付を取得したり日付形式の文字列の変換を行う
SUBSTR	文字列を切り取る

CAST

　CASTはデータの型を変換する関数です。引数には変換したいカラムと、変換したいデータの型を指定する必要があります。変換したいデータの型はASのあとに指定します。SQL4-1では、CAST(birth AS TEXT)と指定しているため、もともと数値（INTEGER）として定義されていた誕生年（birth）を文字列（TEXT）に変換しています。出力結果は、birthもbirth_textもどちらも同じ値に見えますが、それぞれデータの型が違います。

第4章

★ハンズオン～SQLを実行してみよう～

○SQL4-1

```
SELECT
    birth,
    CAST(birth AS TEXT) AS birth_text
FROM
    users
```

○図4-2：SQL4-1の実行結果

	birth	birth_text
1	1979	1979
2	1983	1983
3	1990	1990
4	1992	1992
5	1988	1988
6	1980	1980
7	1990	1990
8	1971	1971
9	1993	1993
10	1970	1970

DATE

　DATEは現在の日付を取得したり、日付形式の文字列の変換を行ったりする関数です。関数の中には、引数を必要としないものもあります。SQL4-2では、引数を指定せずにDATE()と記述しています。引数がない場合は、カッコの中は何も記述する必要がありません。DATEは、引数を指定しないと現在の日付を取得します。そのため、結果は2022-11-19のように、SQLを実行した日付が出力されます。

★ハンズオン～SQLを実行してみよう～

○SQL4-2

```
SELECT
    DATE() AS now_date
FROM
    users
```

○図4-3：SQL4-2の実行結果

	now_date
1	2022-11-19
2	2022-11-19
3	2022-11-19
4	2022-11-19
5	2022-11-19
6	2022-11-19
7	2022-11-19
8	2022-11-19
9	2022-11-19
10	2022-11-19

SUBSTR

　SUBSTRは文字列を切り取る関数です。SQL4-3では、SUBSTR関数の引数を3つ指定しています。最初の引数に切り取りしたい文字列を指定しています。ここでは、DATE()で得た2022-11-19（現在の日付）を切り取る文字列の対象としています。そして、2番目の引数に切り取りを開始する位置、3番目の引数に切り取りする長さを指定しています。つまり、SUBSTR(DATE(), 1,

4) は、2022-11-19という文字列の1文字目から4文字を切り取るため、2022が結果として出力されます。同様に、SUBSTR(DATE()、6、2)は2022-11-19という文字列の6文字目から2文字を切り取るため、11と出力されます。

★ハンズオン〜SQLを実行してみよう〜
○SQL4-3

```
SELECT
    DATE() AS now_date,
    SUBSTR(DATE(), 1, 4) AS year,
    SUBSTR(DATE(), 6, 2) AS month
FROM
    users
```

○図4-4：SQL4-3の実行結果

	now_date	year	month
1	2022-11-19	2022	11
2	2022-11-19	2022	11
3	2022-11-19	2022	11
4	2022-11-19	2022	11
5	2022-11-19	2022	11
6	2022-11-19	2022	11
7	2022-11-19	2022	11
8	2022-11-19	2022	11
9	2022-11-19	2022	11
10	2022-11-19	2022	11

データベースの違いによる関数の違い

ここで紹介したのは、SQLで使われる関数のごくごく一部です。これ以外にも関数は数多く存在します。また、今回紹介した関数はSQLiteで使える関数です。関数は扱うデータベースによって使い方が多少異なります。データベースによっては使える関数、使えない関数もあります。

しかし、SQLで使える関数のすべてを覚える必要ありません。データベース

による違いもすべて覚える必要はなく、必要なときに必要な関数が使えれば問題ありません。本書でも、SQLで使える関数が数多く存在するということだけ覚えてもらえれば問題ありません。

関数を使ってデータを集計する

集計に便利な集約関数

SQLで使われる関数の中でも、よく使われるものの1つが集約関数です。集約関数とは複数の行から1つの結果を計算して出力するための関数です。集約関数は、集計関数や集合関数とも呼ばれます。細かい意味の違いはありますが、ほとんど同じものとしてとらえてよいため、本書では集約関数として覚えてもらえれば問題ありません。

では、実際に集約関数について見ていきましょう。集約関数は非常に多くの種類が存在します。本書では、特によく使う5つの集約関数について解説します。

○よく使う集約関数

集約関数	意味
SUM	引数で指定したデータの総和を求める（NULLの場合は集計対象外）
MAX	引数で指定したデータの中から最大値を求める
MIN	引数で指定したデータの中から最小値を求める
AVG	引数で指定したデータの平均値を求める（NULLの場合は集計対象外）
COUNT	引数で指定したデータの総数を求める（NULLの場合は集計対象外）

SUM

SUMは引数で指定したカラムの総和を求める関数です。SQL4-4では、SUMの引数としてpriceを指定しているので、商品情報テーブル（products）にある商品の金額（price）の合計が出力されます。priceにNULLが含まれる場合は、NULLの行は集計対象から除外されます。

★ハンズオン〜SQLを実行してみよう〜

○SQL4-4

```
SELECT
    SUM(price)
FROM
    products
```

○図4-5：SQL4-4の実行結果

	SUM(price)
1	383577

MAX

　MAXは引数で指定したカラムの最大値を求める関数です。SQL4-5では、MAXの引数としてpriceを指定しているので、商品情報テーブル（products）にある商品の金額（price）の中で最も高い金額が出力されます。

★ハンズオン〜SQLを実行してみよう〜

○SQL4-5

```
SELECT
    MAX(price)
FROM
    products
```

○図4-6：SQL4-5の実行結果

	MAX(price)
1	35000

MIN

　MINは引数で指定したカラムの最小値を求める関数です。MAXの反対を意味しています。SQL4-6では、MINの引数にpriceを指定しているので、商品情報テーブル（products）にある商品の金額（price）の中で最も低い金額が出力されます。

★ハンズオン〜SQLを実行してみよう〜

○SQL4-6

```
SELECT
    MIN(price)
FROM
    products
```

○図4-7：SQL4-6の実行結果

	MIN(price)
1	59

AVG

　AVGは引数で指定したカラムの平均値を求める関数です。AVGはAVERAGEの略です。SQL4-7では、AVGの引数としてpriceを指定しているので、商品情報テーブル（products）にある商品の金額（price）の平均値が出力されます。priceにNULLが含まれる場合は、NULLの行は集計対象から除外されます。

★ハンズオン〜SQLを実行してみよう〜

○SQL4-7

```
SELECT
    AVG(price)
FROM
    products
```

○図4-8：SQL4-7の実行結果

	AVG(price)
1	6392.95

COUNT

　COUNTは引数で指定したカラムの総数を求める関数です。テーブルにあるデータの行数を数えるときに活用します。SQL4-8では、COUNTの引数にproduct_idを指定しているので、商品情報テーブル（products）にある

第4章

商品ID（product_id）の行数が出力されます。product_idにNULLが含まれる場合は、NULLの行は集計対象から除外されます。

★ハンズオン～SQLを実行してみよう～

○SQL4-8

```
SELECT
    COUNT(product_id)
FROM
    products
```

○図4-9：SQL4-8の実行結果

	COUNT(product_id)
1	60

COUNTを使ったデータの集計

集約関数のCOUNTを使うとテーブルにあるデータの行数を集計することができます。このとき、COUNTの使い方にはいくつかパターンがあります。

まずはSQL4-9を実行して出力結果を確認してみましょう。SQL4-9では、COUNTを使って3つの集計を行っています。COUNTの引数として「1」やアスタリスク（*）を入れることで、テーブルにあるデータの行数を集計することができます。

しかし、COUNT(user_id)のようにCOUNTの引数にカラム名を入れた場合と、「1」やアスタリスク（*）を入れた場合では、微妙に集計方法が異なります。COUNTの引数にカラム名を入れた場合、そのカラムの値にNULLが入っていると行数の集計から除外されます。SQL4-9で使っているuser_idには、一部NULLが含まれているため、結果としてはテーブルにあるすべての行数を集計したときよりも少なくなります。

また、第3章の「さまざまなデータの取得方法」で解説したように、SELECT

した結果はASを使って別名をつけることができます。集約関数の結果に関しても、COUNT(user_id) AS user_id_countのようにASを使って別名をつけることで、出力される結果のカラムはuser_id_countとなります。集約関数の結果にASを使わないと、COUNT(*)やCOUNT(1)のように、出力される結果のカラムが集約関数のままになります。

このように、集約関数の結果にASを使わないと、結果の解釈が難しくなることがあります。集約関数を使うときは必要に応じてASを使い、どんな集計をしているのかわかりやすくしましょう。

第4章

★ハンズオン～SQLを実行してみよう～

○SQL4-9

```
SELECT
    COUNT(user_id) AS user_id_count,
    COUNT(*),
    COUNT(1)
FROM
    orders
```

○図4-10：SQL4-9の実行結果

	user_id_count	COUNT(*)	COUNT(1)
1	99953	100000	100000

複数のデータを特定の切り口で
まとめる

特定の切り口でデータを集計する

　データ分析では、商品のカテゴリごとの件数を集計したり、売上を日別に合計したり、特定の切り口でデータを集計する方法がよく使われます。その時に活用するのがGROUP BYです。GROUP BYと集約関数を活用することで、特定の切り口でデータを集約することができます。

　SQL4-10、SQL4-11を実行して出力結果の違いを確認してみましょう。SQL4-10は、COUNTを使って商品情報テーブル（products）の行数を集計しています。一方でSQL4-11は、同じくCOUNTを使って商品情報テーブルの行数を集計していますが、GROUP BYが使われています。GROUP BY large_categoryと記述することで、大カテゴリ（large_category）単位でグルーピングして集計できるようになります。

　このように、GROUP BYを使うと、特定の切り口でデータを集約できます。また、SQL4-11のようにGROUP BYで指定したlarge_categoryは、SELECTのあとに記述することで、カテゴリ情報と行数の2つが出力されます。

★ハンズオン～SQLを実行してみよう～
○SQL4-10

```
SELECT
    COUNT(*)
FROM
    products
```

○図4-11：SQL4-10の実行結果

	COUNT(*)
1	60

○SQL4-11

```
SELECT
    large_category,
    COUNT(*)
FROM
    products
GROUP BY
    large_category
```

○図4-12：SQL4-11の実行結果

	large_category	COUNT(*)
1	インテリア	4
2	ファッション	6
3	日用品	34
4	電化製品	9
5	食品	7

SELECTとGROUP BYをセットで使う

　基本的にGROUP BYで指定したカラムは、SELECTのあとにも入れることが多いです。しかし、GROUP BYで指定したカラムをSELECTのあとに入れなくても、SQLの構文として成り立ちます。

　違いについて理解するために、SQL4-12を実行して出力結果を確認してみましょう。SQL4-12の出力結果を見ると、GROUP BYで大カテゴリ（large_category）単位の行数を集計しているので、結果として大カテゴリごとの件数が出力されます。ただし、SELECTに指定しているのがCOUNT(*)だけなので、出力結果として表示されるのもCOUNTを使って集計した件数だけになります。この場合、どのカテゴリが何件あるのかがわからなくなるので、SQL4-

11のようにGROUP　BYで指定したカラムは、SELECTの中でも指定すること
が多いです。

★ハンズオン～SQLを実行してみよう～

○ SQL4-12

```
SELECT
    COUNT(*)
FROM
    products
GROUP BY
    large_category
```

○図4-13：SQL4-12の実行結果

	COUNT(*)
1	4
2	6
3	34
4	9
5	7

複数の切り口でデータを集計する

　特定の切り口でデータを集約するGROUP　BYでは、複数のカラムを指定でき
ます。

　SQL4-13を実行して出力結果を確認してみましょう。SQL4-13では、GROUP
BYに大カテゴリ（large_category）と中カテゴリ（medium_category）
の2つのカラムを指定しています。SELECTにもlarge_categoryと
medium_categoryを指定し、COUNT(*)で大カテゴリと中カテゴリを組み
合わせて行数を集計しています。

　このように、GROUP BYはカンマ区切りで複数のカラムを指定することで、
それぞれを組み合わせてデータを集約することができます。

★ハンズオン〜SQLを実行してみよう〜

○ SQL4-13

```
SELECT
    large_category,
    medium_category,
    COUNT(*)
FROM
    products
GROUP BY
    large_category,
    medium_category
```

○図4-14：SQL4-13の実行結果

	large_category	medium_category	COUNT(*)
1	インテリア	家具	4
2	ファッション	アクセサリー	1
3	ファッション	カバン	1
4	ファッション	シューズ	1
5	ファッション	衣服	3
6	日用品	キッチン	14
7	日用品	文房具	9
8	日用品	美容	11
9	電化製品	ゲーム	2
10	電化製品	娯楽	2

重複を排除してデータを集計する

DISTINCTを使った重複排除

データ分析では、同じデータが含まれている場合、重複を排除して集計するのか、排除せずに集計するのかという観点も重要になります。

例えば、Webサービスでは、サイトのアクセス数としてページビュー数について知りたいときは、同じ人が複数回アクセスしても重複を排除せずに集計する必要があります。一方で、サイトに訪問したユニークユーザー数について知りたいときは、同じ人が複数回アクセスしたら重複を排除し、1人として集計する必要があります。

図4-15のように3人のユーザーがWebサイトにそれぞれ2回、3回、5回と訪問した場合は、すべてのサイトの訪問データを足して、ページビュー数は「10」になります。しかし、ユニークユーザー数を集計する場合は、それぞれのサイトの訪問データから重複を排除し、ユーザー数だけを集計の対象とすることで、結果は「3」になります。

○図4-15：ページビュー数とユニークユーザー数

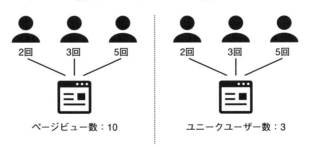

このように、求めたいデータによって重複を排除して集計するのか、排除せずに集計するのか、使い分けが必要です。そこで、重複を排除して集計すると

きに使われるのがDISTINCTです。

　DISTINCTの使い方を理解するために、まずはSQL4-14、SQL4-15を実行して出力結果を確認してみましょう。SQL4-14の出力結果を見ると、大カテゴリ（large_category）がすべて出力されています。これは重複を排除しない方法なので、同じ大カテゴリがあってもすべて出力されています。一方で、SQL4-15はlarge_categoryの前にDISTINCTがついています。カラム名の前にDISTINCTをつけることで、重複を排除して集計できます。この場合は同じ大カテゴリがあると重複を排除して、それぞれ1つずつ出力されます。

第4章

★ハンズオン〜SQLを実行してみよう〜

○ SQL4-14

```sql
SELECT
    large_category
FROM
    products
```

○図4-16：SQL4-14の実行結果

	large_category
1	食品
2	食品
3	食品
4	食品
5	食品
6	食品
7	食品
8	日用品
9	日用品
10	日用品

○SQL4-15

```
SELECT DISTINCT
    large_category
FROM
    products
```

○図4-17：SQL4-15の実行結果

	large_category
1	食品
2	日用品
3	インテリア
4	ファッション
5	電化製品

　データ分析では、テーブルの中にどんなデータが入っているのか確認したいとき、DISTINCTを使うと非常に便利です。SQL4-15のように、商品情報テーブル（products）にどんな大カテゴリ（large_category）が入っているのか確認したいときは、DISTINCTを使うことで、大カテゴリの一覧を取得できます。

複数のカラムの組み合わせで重複を排除する

　重複を排除するDISTINCTは、SELECTで複数のカラムを指定する場合でも活用できます。

　SQL4-16を実行して出力結果を確認してみましょう。SQL4-16はlarge_category、medium_category、small_categoryの3つのカラムを組み合わせて、重複を排除した結果を出力しています。重複を排除したいカラムが1つの場合は、SQL4-15のように、1つのカラムを指定すれば問題ありません。重複を排除したいカラムが複数の場合は、SQL4-16のように、SELECTのあとにDISTINCTをつけて、カンマで区切ってカラムを複数指定することで、データを確認できます。

★ハンズオン～SQLを実行してみよう～

○SQL4-16

```
SELECT DISTINCT
    large_category,
    medium_category,
    small_category
FROM
    products
```

○図4-18：SQL4-16の実行結果

	large_category	medium_category	small_category
1	食品	飲料水	水
2	食品	麺	パスタ
3	食品	野菜	きゅうり
4	食品	野菜	トマト
5	日用品	文房具	筆記用具
6	日用品	文房具	ノート
7	日用品	美容	ヘアケア
8	日用品	美容	ボディケア
9	日用品	美容	スキンケア
10	日用品	キッチン	キッチン家電

集約関数と重複排除

DISTINCTは重複を排除するということから、集約関数と一緒に使われることも多いです。例えば、前述したユニークユーザー数を知りたいときは、集約関数とDISTINCTを活用することで集計できます。

SQL4-17を実行して出力結果を確認してみましょう。SQL4-17では、COUNTを使って3つの集計を行っています。COUNT(*)では、商品情報テーブルの行数を集計しています。COUNT(large_category)では、商品情報テーブルからlarge_categoryの件数を集計しており、large_categoryにNULLが含まれる場合は除外されます。本書のデータでは、large_categoryにNULLが含まれていないため、COUNT(*)とCOUNT(large_category)

はどちらも同じ結果が出力されます。

　一方で、COUNT(DISTINCT large_category)はlarge_category
の前にDISTINCTがついています。カラム名の前にDISTINCTをつけること
で、重複を排除した状態で行数が集計できます。その結果、large_category
が全部で何種類あるのかが件数として出力されます。

★ハンズオン〜SQLを実行してみよう〜

○ SQL4-17

```
SELECT
    COUNT(*) AS count_1,
    COUNT(large_category) AS count_2,
    COUNT(DISTINCT large_category) AS count_3
FROM
    products
```

○図4-19：SQL4-17の実行結果

	count_1	count_2	count_3
1	60	60	5

　このように、集約関数とDISTINCTを組み合わせることで、重複を排除して
データを集計できます。重複を排除して集計するのか、重複を排除せずに集計
するのかは、どんなデータを集計したいかによって異なります。SQLを使って
データ集計するときは、どんなデータを集計する必要があるか、定義を確認す
るのも重要です。どんなデータを集計したいのか確認したうえで、集約関数と
DISTINCTをうまく活用しましょう。

データ分析における「集約関数」の 考え方

　集約関数を使うことで、大量のデータをまとめて集計することができます。また、GROUP BYを使うことで、どんな軸でデータをまとめるのか指定することができます。図4-20のように、既存のテーブルから特定の切り口で行をまとめて1つの値にすることが集約関数で重要な考え方です。

　データ分析では、データの件数を集計したり、最大値や平均値を求めることがよくあります。集約関数とGROUP BYを組み合わせて、カテゴリごとの商品件数や、日別の売上の合計など、さまざまな軸でデータをまとめることもあります。必要な集計に応じて、集約関数やGROUP BYなどをうまく活用しましょう。

○図4-20：集約関数の考え方

商品情報テーブル

product_id	name	price	category
B0001	おいしい水	120	食品
B0002	トートバッグ	5800	ファッション
B0003	腕時計	15000	ファッション
・・・	・・・	・・・	・・・

出力結果テーブル

category	category_count
ファッション	2
食品	1
・・・	・・・

演習問題

問4-1

　顧客情報テーブル（users）から誕生年の最大値、最小値、平均値を出力してください。また、最大値、最小値、平均値はASで別名をつけて出力してください。

問4-2

　商品情報テーブル（products）から大カテゴリ（large_category）ごとの平均価格を取得してください。また、平均価格はASで別名をつけて出力してください。

解答 4-1

解答例

```
SELECT
    MAX(birth) AS max_birth,
    MIN(birth) AS min_birth,
    AVG(birth) AS avg_birth
FROM
    users
```

実行結果

	max_birth	min_birth	avg_birth
1	2003	1941	1975.988

解説

　顧客情報を取得する場合は users テーブルを参照しましょう。最大値を求めるときは MAX、最小値を求めるときは MIN、平均値を求めるときは AVG を使います。引数に birth を入れると、誕生年の最大値、最小値、平均値を求めることができます。また、わかりやすいように集約関数の結果には AS を使って別名をつけます。

解答 4-2

解答例

```
SELECT
    large_category,
    AVG(price) AS avg_price
FROM
    products
GROUP BY
    large_category
```

実行結果

	large_category	avg_price
1	インテリア	18250.0
2	ファッション	9366.66666666667
3	日用品	4942.64705882353
4	電化製品	9388.88888888889
5	食品	261.0

解説

　大カテゴリごとに平均価格を取得する場合は、GROUP BYでlarge_categoryを指定します。GROUP BYで指定したlarge_categoryは、SELECTのあとにも記述し、大カテゴリごとの平均価格を出力します。平均値を求める場合はAVGを使用し、引数には商品価格（price）を入れます。

　集約関数の結果に別名をつける場合は、AVG(price) AS avg_priceのようにASを使います。ここではavg_priceと別名をつけていますが、任意の名前で問題ありません。どんな集計をしているのかわかるように名前をつけましょう。

第 5 章

さまざまな条件で
データを取得する
～ WHERE / HAVING ～

データ分析では、すべてのデータを取得するだけでなく、さまざま
な条件をつけてデータを取得することがあります。
本章では、特定の日付の購入件数を取得したり、特定のカテゴリ
に該当する商品情報のみのデータを取得するなど、条件をつけて
データを取得する方法について学んでいきましょう。

特定の条件をつけてデータを取得する

WHEREを使った条件指定

　データ分析では大量のデータから自分のほしいデータを取得することが重要です。例えばECサイトの担当者として、日々の購入データを確認する場合は特定の日付のデータを取得する必要があります。このように、大量のデータから特定の条件に一致するデータだけを取得したい場合は、WHEREを使って条件指定します。

　まずはSQL5-1、SQL5-2を実行して、WHEREの基本的な使い方について確認しましょう。SQL5-1は、SELECTを使って購入履歴テーブル（orders）から購入ID（order_id）と購入日（order_date）を取得しています。また、LIMITを使うことで、出力結果を10件だけ取得しています。

　一方で、SQL5-2はFROMのあとにWHEREが追加されています。日付の条件を指定する場合はTEXT型のorder_dateを使用します。TEXT型を条件で指定する場合は、シングルクォーテーション（'）を使って条件を指定します。つまり、WHERE order_date = '2022-01-01'と条件を指定することで、2022年1月1日に購入があった購入履歴のデータのみを取得できます。このように、特定の条件を指定してデータを取得するときに使うのがWHEREです。

★ハンズオン〜SQLを実行してみよう〜
○SQL5-1

```
SELECT
    order_id,
    order_date
FROM
    orders
LIMIT 10
```

○図5-1：SQL5-1の実行結果

	order_id	order_date
1	C000001	2022-05-10
2	C000002	2022-07-20
3	C000003	2022-05-09
4	C000004	2022-07-05
5	C000005	2022-05-16
6	C000006	2022-08-28
7	C000007	2022-04-08
8	C000008	2022-08-28
9	C000009	2022-06-12
10	C000010	2022-09-11

第5章

○SQL5-2

```
SELECT
    order_id,
    order_date
FROM
    orders
WHERE
    order_date = '2022-01-01'
LIMIT 10
```

○図5-2：SQL5-2の実行結果

	order_id	order_date
1	C000060	2022-01-01
2	C000202	2022-01-01
3	C000297	2022-01-01
4	C000323	2022-01-01
5	C000328	2022-01-01
6	C000569	2022-01-01
7	C000678	2022-01-01
8	C000755	2022-01-01
9	C000969	2022-01-01
10	C001050	2022-01-01

条件指定で使える演算子

　SQL5-2では、WHEREで条件指定するとき、イコール（=）という演算子を使っています。これは指定した値と等しいデータを取得する条件です。イコール（=）以外にも、WHEREで使える演算子はいくつかあります。次の表は、WHEREの条件指定でよく使われる演算子とその意味です。WHEREの演算子について、いくつか具体例をみながら確認しましょう。

○WHEREでよく使う演算子

演算子	意味
=	等しい
>	大きい
<	小さい
>=	以上
<=	以下
<>	等しくない
AND	2つ以上の条件を結合して、すべての条件に一致する
OR	2つ以上の条件を結合して、いずれかの条件に一致する
NOT	条件の反対
BETWEEN A AND B	AとBの間に該当する
IN	一覧のいずれかに一致する
LIKE	文字列のパターンにマッチする
IS NULL	空（NULL)である
IS NOT NULL	空（NULL）でない

特定の値以下のデータを取得（<=）

　<=の演算子は指定した値以下のデータを取得する条件です。SQL5-3は2022年1月5日以前の日付のデータを取得しています。=がついているため、2022年1月5日のデータも含まれる点に注意しましょう。

★ハンズオン〜SQLを実行してみよう〜

○SQL5-3

```
SELECT
    order_id,
    order_date
FROM
    orders
WHERE
    order_date <= '2022-01-05'
LIMIT 10
```

○図5-3：SQL5-3の実行結果

	order_id	order_date
1	C000060	2022-01-01
2	C000107	2022-01-02
3	C000202	2022-01-01
4	C000268	2022-01-02
5	C000297	2022-01-01
6	C000313	2022-01-02
7	C000323	2022-01-01
8	C000328	2022-01-01
9	C000364	2022-01-02
10	C000408	2022-01-02

特定の値以外のデータを取得（<>）

<>の演算子は指定した値以外のデータを取得する条件です。SQL5-4は2022年5月10日以外の日付のデータを取得しています。

★ハンズオン〜SQLを実行してみよう〜

○SQL5-4

```
SELECT
    order_id,
    order_date
FROM
    orders
WHERE
    order_date <> '2022-05-10'
LIMIT 10
```

○図5-4：SQL5-4の実行結果

	order_id	order_date
1	C000002	2022-07-20
2	C000003	2022-05-09
3	C000004	2022-07-05
4	C000005	2022-05-16
5	C000006	2022-08-28
6	C000007	2022-04-08
7	C000008	2022-08-28
8	C000009	2022-06-12
9	C000010	2022-09-11
10	C000011	2022-01-24

空のデータを取得

　SQL5-5はWHEREの条件にuser_id IS NULLという条件がついているため、購入履歴テーブルのユーザーID（user_id）が空になっているデータを取得しています。SQL5-6はその逆で、user_id IS NOT NULLという条件がついているため、ユーザーIDが空でないデータを取得しています。

★ハンズオン〜SQLを実行してみよう〜

○SQL5-5

```
SELECT
    order_id,
    user_id
FROM
    orders
WHERE
    user_id IS NULL
LIMIT 10
```

○図5-5：SQL5-5の実行結果

	order_id	user_id
1	C000779	NULL
2	C002277	NULL
3	C002300	NULL
4	C007177	NULL
5	C008007	NULL
6	C009015	NULL
7	C009305	NULL
8	C011146	NULL
9	C012271	NULL
10	C015754	NULL

○SQL5-6

```
SELECT
    order_id,
    user_id
FROM
    orders
WHERE
    user_id IS NOT NULL
LIMIT 10
```

○図5-6：SQL5-6の実行結果

	order_id	user_id
1	C000001	A0805
2	C000002	A0544
3	C000003	A0084
4	C000004	A0285
5	C000005	A0696
6	C000006	A0970
7	C000007	A0337
8	C000008	A0438
9	C000009	A0125
10	C000010	A0339

第5章

さまざまな条件指定の方法

複数の条件に一致するデータを取得する「AND」

　特定の条件に一致するデータを取得するWHEREですが、複数の条件を指定することもできます。そこで、複数の条件を指定して、すべての条件に一致するデータを取得するときに使うのがANDです。

　SQL5-7を実行して、ANDを使った条件指定について確認してみましょう。SQL5-7では、WHERE　order_date　<=　'2022-01-03'のあとに、AND is_discounted = 1とさらに条件が追加されています。ANDは2つ以上の条件を組み合わせて、すべての条件に一致するデータを取得するときに使用します。つまり、SQL5-7では購入日（order_date）が2022年1月3日以前（2022年1月3日も含める）で、さらに割引フラグ（is_discounted）が「1」のデータを取得しています。割引フラグ（is_discounted）とは、商品を購入した時に割引価格で購入したかどうかを保存するものです。割引価格で購入した場合は割引フラグに1が入り、割引価格で購入していない場合は0が入ります。

★ハンズオン〜SQLを実行してみよう〜

○SQL5-7

```
SELECT
    order_id,
    order_date,
    is_discounted
FROM
    orders
WHERE
    order_date <= '2022-01-03'
    AND is_discounted = 1
LIMIT 10
```

○図5-7：SQL5-7の実行結果

	order_id	order_date	is_discounted
1	C003593	2022-01-02	1
2	C006402	2022-01-01	1
3	C006848	2022-01-03	1
4	C007658	2022-01-02	1
5	C010419	2022-01-03	1
6	C015363	2022-01-01	1
7	C018827	2022-01-03	1
8	C019242	2022-01-01	1
9	C024614	2022-01-03	1
10	C024655	2022-01-01	1

第5章

　ちなみに、AND is_discounted = 1のis_discountedは INTEGER型で整数が入ります。整数を条件で指定する場合には、AND is_ discounted = '1'のようにシングルクォーテーションは使わないので注意 しましょう[注1]。

　このように、異なる2つの条件を組み合わせて、どちらの条件にも一致する データを取得したい場合には、WHEREのあとにANDを使って条件を追加しま す。ちなみに、条件指定するWHEREはSELECT文の中で1回だけしか記述で きません。しかし、ANDに関しては何度も記述することができます。3つ以上 の条件を指定して、すべての条件に一致するデータを取得する場合はANDを複 数使いましょう。

いずれかの条件に一致するデータを取得する「OR」

　ANDと同じように、複数の条件を指定するときに使用するのがORです。AND は全ての条件に一致するデータを取得しますが、ORは複数の条件のいずれか

注1）　SQLiteでは、INTEGER型であってもシングルクォーテーションをつけると、暗黙の型変換でINTEGER型と 識別することができます。なので、AND is_discounted = '1'とシングルクォーテーションをつけて も、同じ結果が得られます。しかし、INTEGER型にシングルクォーテーションをつけて条件指定するのは、 本来の使い方ではありません。したがって、INTEGER型を条件で指定する場合は、シングルクォーテーショ ンを使わないようにしましょう。

に一致するデータを取得します。

　SQL5-8を実行してORを使った条件指定について確認してみましょう。SQL5-8では、WHERE large_category = '食品'のあとにOR large_category = '日用品'とさらに条件が追加されています。ORは2つ以上の条件を組み合わせて、いずれかの条件に一致するデータを取得します。つまり、SQL5-8では大カテゴリ（large_category）が食品、もしくは日用品のデータを取得しています。

★ハンズオン～SQLを実行してみよう～

○SQL5-8

```
SELECT
    product_id,
    name,
    large_category
FROM
    products
WHERE
    large_category = '食品'
    OR large_category = '日用品'
```

○図5-8：SQL5-8の実行結果

	product_id	name	large_category
1	B001	美味しい水 500ml	食品
2	B002	美味しい水 2l	食品
3	B003	美味しい水 2l 6本セット	食品
4	B004	パスタ 1kg	食品
5	B005	きゅうり 3本入り	食品
6	B006	トマト 大	食品
7	B007	トマト 小	食品
8	B008	鉛筆 5本セット	日用品
9	B009	消しゴム	日用品
10	B010	シャーペン	日用品

　このように、2つ以上の条件を組み合わせていずれかの条件に一致するデー

タを取得したい場合は、ORを使ってWHEREのあとに条件を追加します。ORも
ANDと同様にSELECT文の中で複数記述できます。3つ以上の条件を指定し
て、いずれかの条件に一致するデータを取得する場合はORを複数使いましょ
う。

範囲を指定してデータを取得する「BETWEEN」

2つの条件を指定する場合で、両方の条件に一致するデータの取得にはAND
を使いました。一方で、2つの条件を指定する方法はAND以外にもあります。
それがBETWEENを使った条件指定です。

まずはSQL5-9、SQL5-10を実行してBETWEENの使い方について確認して
みましょう。SQL5-9は、ANDを使って商品の金額（price）が1,000円以下
で、かつ500円以上という条件でデータを取得しています。これをBETWEEN
を使って条件指定したのがSQL5-10です。price BETWEEN 500 AND
1000と書き方が変わっています。これはANDを使った条件指定と同じで、商
品の金額が500円以上で1,000円以下という条件になります。

このように、ある値の範囲を指定して条件指定をしたい場合はBETWEENを
使用することができます。ANDでもBETWEENでも同じ条件でデータの取得が
できるので、どちらを使っても問題ありません。実際に、SQL5-9とSQL5-10
は出力結果がまったく同じになります。

★ハンズオン〜SQLを実行してみよう〜
○SQL5-9

```
SELECT
    product_id,
    name,
    price
FROM
    products
WHERE
    price <= 1000
    AND price >= 500
```

◯図5-9：SQL5-9の実行結果

	product_id	name	price
1	B003	美味しい水 2l 6本セット	690
2	B012	筆箱	1000
3	B016	ノート 5冊セット	500
4	B017	シャンプー 340ml	700
5	B018	コンディショナー 340ml	700
6	B020	入浴剤 30袋詰め合わせ	1000
7	B022	ハンドクリーム	500
8	B034	スプーン 2セット	1000
9	B035	フォーク 2セット	1000
10	B036	コースター 5枚セット	800

◯SQL5-10

```
SELECT
    product_id,
    name,
    price
FROM
    products
WHERE
    price BETWEEN 500 AND 1000
```

◯図5-10：SQL5-10の実行結果

	product_id	name	price
1	B003	美味しい水 2l 6本セット	690
2	B012	筆箱	1000
3	B016	ノート 5冊セット	500
4	B017	シャンプー 340ml	700
5	B018	コンディショナー 340ml	700
6	B020	入浴剤 30袋詰め合わせ	1000
7	B022	ハンドクリーム	500
8	B034	スプーン 2セット	1000
9	B035	フォーク 2セット	1000
10	B036	コースター 5枚セット	800

　ただし、範囲を指定してデータ取得する場合は、BETWEENを使ったほうがどこからどこまでのデータを取得するのかが直感的にわかります。例えば、今回のように商品の金額の範囲を指定してデータを取得する場合や、購入履歴のデータを日付の範囲を指定して取得する場合などは、BETWEENを使用するとよりわかりやすくなります。

文字列のパターンにマッチするデータを取得する「LIKE」

LIKEを使った条件指定

　データ分析では、特定の文字が含まれるデータを取得したい場合があります。その場合は、LIKEを使って文字列を検索することができます。例えば、商品名に「水」が含まれているデータを取得したい場合を考えてみましょう。

　まずはSQL5-11を実行してLIKEの使い方を確認してみましょう。SQL5-11では、WHEREのあとにname LIKE '%水%'という条件がついています。これが商品名（name）に「水」が含まれているデータを取得するという条件になります。

★ハンズオン〜SQLを実行してみよう〜

○SQL5-11

```
SELECT
    product_id,
    name
FROM
    products
WHERE
    name LIKE '%水%'
```

○図5-11：SQL5-11の実行結果

	product_id	name
1	B001	美味しい水 500ml
2	B002	美味しい水 2l
3	B003	美味しい水 2l 6本セット
4	B023	化粧水
5	B060	水洗い電動シェイバー

　ここで使われているのがパーセント（%）というワイルドカードです。ワイルドカードとは、文字列を検索するLIKE演算子で使える記号で、パーセント（%）とアンダースコア（_）の2つがあります。

○ワイルドカード

ワイルドカード	意味
%（パーセント）	0文字以上の任意の文字列にマッチ
_（アンダースコア）	任意の1文字にマッチ

　%は0文字以上の任意の文字列を表すワイルドカードです。SQL5-11にある'%水%'は、「水」という単語の前後に%がついてます。つまり、商品名の先頭も最後もどんな文字がついてもよく、「水」という単語が含まれる商品を取得する条件になります。

ワイルドカードの使い方

　ここ大事なポイントは、%をどこに記述するかということです。%の記述方法によって、どんな文字列が該当するかが変わってきます。先ほど解説したSQL5-11では、商品名に「水」が含まれる条件指定をしています。「水」という単語の前後に%がついているため、商品名に「水」が含まれているものすべてが出力されます。つまり、この場合は「美味しい水 2l」、「化粧水」、「水洗い電動シェイバー」などが対象になります。

　ワイルドカードの使い方を理解するためにSQL5-12、SQL5-13、SQL5-14

をそれぞれ実行して出力結果を確認してみましょう。まず、SQL5-12はSQL5-11と違い、条件が'水%'になっています。%が「水」のあとにしかついていないため、先頭の文字が「水」で、そのあとは0文字以上の任意の文字列という条件指定になります。つまり、「美味しい水 21」、「化粧水」は「水」から始まっていないので、この場合は対象からは外れ、「水洗い電動シェイバー」だけが対象になります。

★ハンズオン〜SQLを実行してみよう〜

○SQL5-12

```
SELECT
    product_id,
    name
FROM
    products
WHERE
    name LIKE '水%'
```

○図5-12：SQL5-12の実行結果

	product_id	name
1	B060	水洗い電動シェイバー

　次に、SQL5-13を確認しましょう。SQL5-13の条件は'%水'になっています。%が「水」の前にしかついていないため、先頭は0文字以上の任意の文字列で、最後に「水」が含まれるという条件指定になります。最後に%がついていないので、文字列の最後が「水」で終わっているものだけが対象になります。つまり、この場合「美味しい水 21」、「水洗い電動シェイバー」は対象からは外れ、「化粧水」だけが対象になります。

★ハンズオン～SQLを実行してみよう～

○SQL5-13

```
SELECT
    product_id,
    name
FROM
    products
WHERE
    name LIKE '%水'
```

○図5-13：SQL5-13の実行結果

	product_id	name
1	B023	化粧水

　最後にSQL5-14を確認しましょう。SQL5-14の条件は'＿＿水'になっています。これはLIKE演算子で使えるワイルドカードのアンダースコアが2つついており、最後に「水」の文字列が指定されています。アンダースコアは任意の1文字という条件になるので、アンダースコアが2つあると任意の2文字になります。したがって、この条件では、「○○水」という3文字の文字列で、最後が「水」で終わるという条件指定になります。つまり、この場合は「化粧水」が対象になります。

★ハンズオン～SQLを実行してみよう～

○SQL5-14

```
SELECT
    product_id,
    name
FROM
    products
WHERE
    name LIKE '__水'
```

○図5-14：SQL5-14の実行結果

	product_id	name
1	B023	化粧水

　このように、LIKE演算子を活用することで、文字列の検索ができます。LIKE演算子で使えるワイルドカードとして、%と_の2つの条件指定を解説しましたが、データ分析でよく活用するのは%です。_は任意の1文字という狭い条件指定で、活用の範囲が限定的です。データ分析では、%の使い方を覚えておきましょう。

複数の値に一致するデータを取得する「IN」

　2つの条件を指定する場合、いずれかの条件に一致するデータの取得にはORを使いました。ORは2つでも3つでも条件をつなげることができるので、複数の条件を何個も並べることができます。

　複数の条件を指定するORの使い方を確認するために、SQL5-15を実行してみましょう。SQL5-15では、WHEREのあとにORを2つつなげて、3つの条件のいずれかに該当するデータを取得しています。

★ハンズオン〜SQLを実行してみよう〜
○ SQL5-15

```
SELECT
    product_id,
    name,
    large_category
FROM
    products
WHERE
    large_category = '食品'
    OR large_category = '日用品'
    OR large_category = '電化製品'
```

○図5-15：SQL5-15の実行結果

	product_id	name	large_category
1	B001	美味しい水 500ml	食品
2	B002	美味しい水 2l	食品
3	B003	美味しい水 2l 6本セット	食品
4	B004	パスタ 1kg	食品
5	B005	きゅうり 3本入り	食品
6	B006	トマト 大	食品
7	B007	トマト 小	食品
8	B008	鉛筆 5本セット	日用品
9	B009	消しゴム	日用品
10	B010	シャーペン	日用品

　複数の条件を指定する方法としてSQL5-15でも問題はありませんが、WHEREの条件が長くなり、SQLが見づらくなってしまいます。そこで、INを使うことでWHEREの条件をシンプルにできます。INは複数の値のいずれかに一致するデータを取得するための条件として活用できます。

　INを使ってSQL5-15を書き直すと、SQL5-16のようになります。SQL5-16を実行して出力結果を確認してみましょう。ORを使って3つの条件を並べたSQL5-15と比べると、INを使用することで、1つの条件として書き直すことができます。

★ハンズオン〜SQLを実行してみよう〜

○SQL5-16

```
SELECT
    product_id,
    name,
    large_category
FROM
    products
WHERE
    large_category IN ('食品', '日用品', '電化製品')
```

○図5-16：SQL5-16の実行結果

	product_id	name	large_category
1	B001	美味しい水 500ml	食品
2	B002	美味しい水 2l	食品
3	B003	美味しい水 2l 6本セット	食品
4	B004	パスタ 1kg	食品
5	B005	きゅうり 3本入り	食品
6	B006	トマト 大	食品
7	B007	トマト 小	食品
8	B008	鉛筆 5本セット	日用品
9	B009	消しゴム	日用品
10	B010	シャーペン	日用品

第5章

WHEREの条件で使うORとINは、どちらを使っても得られる結果は同じになります。実際にSQL5-15とSQL5-16は、出力結果がどちらもまったく同じになります。なので、ORでもINでもどちらを使っても問題ありません。

ただし、ORを使って複数の条件をつなげるよりも、INを使ったほうがSQLがシンプルになり、より見やすいです。複数の条件のいずれかに一致するデータを取得したい場合は、INを使うことをおすすめします。

集約した結果に対して条件をつける

HAVINGを使った条件指定

　データ分析でよく使われる集約関数は第4章で解説しましたが、集約関数と条件指定も合わせて使われることがあります。例えば、集約関数でカテゴリごとの件数を集計したときに、件数が5件以上のデータを取得したい場合はどうすればよいか考えてみましょう。

　まずは、集約関数の復習としてSQL5-17を実行し、出力結果を確認してみましょう。SQL5-17では、大カテゴリ（large_category）ごとのデータの件数を集計しています。

★ハンズオン〜SQLを実行してみよう〜
○SQL5-17

```
SELECT
    large_category,
    COUNT(*)
FROM
    products
GROUP BY
    large_category
```

○図5-17：SQL5-17の実行結果

	large_category	COUNT(*)
1	インテリア	4
2	ファッション	6
3	日用品	34
4	電化製品	9
5	食品	7

　では、「大カテゴリの件数が5件以上」のデータを取得する場合はどうすれば

よいでしょうか。本章の「特定の条件をつけてデータを取得する」で解説した WHERE を使って「件数が5件以上」という条件を追加してみます。

まずは、SQL5-18を実行して出力結果を確認してみましょう。WHERE COUNT(*) >= 5をつけて、5件以上のデータを取得する条件を追加しています。しかし、SQL5-18を実行するとエラーになってしまいます。理由は、WHERE の中でCOUNT(*)を使っているからです。これは、GROUP BYで集計した結果をWHEREの中で指定できないということです。

★ハンズオン～SQLを実行してみよう～

○SQL5-18

```
SELECT
    large_category,
    COUNT(*)
FROM
    products
WHERE
    COUNT(*) >= 5
GROUP BY
    large_category
```

○図5-18：SQL5-18の実行結果

```
エラーがありましたが、実行が終了しました。
結果: misuse of aggregate: COUNT()
1 行目:
SELECT
  large_category,
  COUNT(*)
FROM
  products
WHERE
  COUNT(*) >= 5
GROUP BY
  large_category
```

では、「件数が5件以上」のようにGROUP BYで集計した結果を条件に指定したい場合、どうすればよいのでしょうか。ここで、WHEREの代わりに条件指定として使えるのがHAVINGです。

HAVINGを使って条件を指定したSQL5-19を実行し、出力結果を確認してみ
ましょう。SQL5-19を実行すると、「大カテゴリの件数が5件以上」という条
件でデータを取得できます。WHEREをHAVINGに変更して、HAVINGの位置
をGROUP BYよりあとにすることで、SQLのエラーも解消されました。

★ハンズオン～SQLを実行してみよう～

○SQL5-19

```
SELECT
    large_category,
    COUNT(*)
FROM
    products
GROUP BY
    large_category
HAVING
    COUNT(*) >= 5
```

○図5-19：SQL5-19の実行結果

	large_category	COUNT(*)
1	ファッション	6
2	日用品	34
3	電化製品	9
4	食品	7

SQLの実行順序について

HAVINGとWHEREの基本的な使い方は同じです。WHEREで解説した演算子
の>=やBETWEENなどもHAVINGで活用できます。

では、なぜWHEREの中でCOUNT(*)を使った条件が使えず、HAVINGを使
う必要があるのでしょうか。これを理解するために重要なポイントは、SQLに
は実行される順番があるということです。

図5-20のように、SELECT、WHERE、GROUP BYなどは、それぞれSQLの
中で実行される順番が決まっています。例えば、WHEREはSQLの処理の中で、

GROUP BYよりも前に実行されます。つまり、WHEREの中でGROUP BYの結果として得られる条件は指定できないということです。逆に、HAVINGは GROUP BYよりもあとに実行されます。なので、GROUP BYの結果によって得られた数値を条件として使用したいときは、WHEREではなくHAVINGを使う必要があります。

○図5-20：SQLが実行される順番

① FROM
② JOIN
③ WHERE
④ GROUP BY
⑤ HAVING
⑥ SELECT
⑦ ORDER BY
⑧ LIMIT

第5章

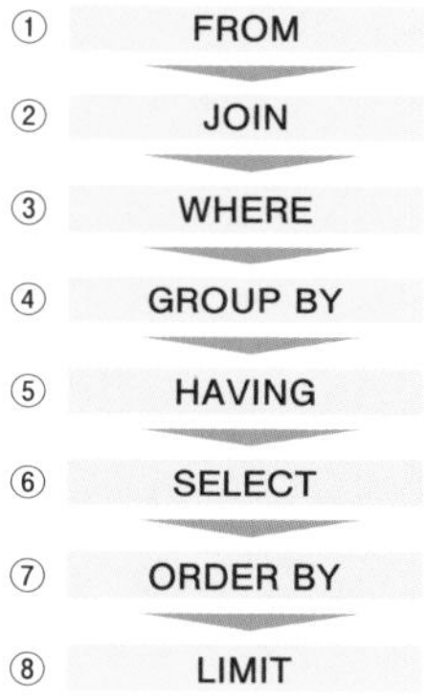

　このように、SQLを実行するときには内部で実行される順番が決まっています。SELECT以外は、SQLが実行される順番と、実際にSQLを記述するときの順番がほぼ一致しています。特にWHERE、GROUP BY、HAVING、ORDER BY、LIMITは、SQLが実行される順番に実際のSQLを記述する必要があります。例えば、HAVINGをGROUP BYの前に記述することはできません。記述するとSQLの構文エラーとなってしまいます。したがって、SQLを記述するときは、SQLが実行される順番も意識しましょう。

データ分析における「WHERE / HAVING」の考え方

　WHEREやHAVINGを使うことで、特定の条件をつけてデータを取得することができます。どちらも特定の条件をつけてデータを取得する方法ですが、それぞれSQLの中で実行される順番に違いがあります。また、AND、OR、BETWEEN、LIKE、INなど、さまざまな条件をつけることで、より複雑な条件でデータの取得が可能になります。図5-21のように、既存のテーブルから必要な行だけの出力結果テーブルを求めることがWHEREやHAVINGで重要な考え方です。

　特定の条件をつけてSQLを実行するということは、大量にあるデータから該当するデータのみを取得することです。データの量が多くなればなるほど、条件を指定してデータを取得する必要性も高まります。もとあるデータを絞り込みたい場合には、WHEREやHAVINGを活用しましょう。

○図5-21：WHERE HAVINGの考え方

商品情報テーブル

product_id	name	price	category
B0001	おいしい水	120	食品
B0002	トートバッグ	5800	ファッション
B0003	腕時計	15000	ファッション
・・・	・・・	・・・	・・・

出力結果テーブル

product_id	name	price	category
B0002	トートバッグ	5800	ファッション
B0003	腕時計	15000	ファッション

演 習 問 題

問5-1

　商品情報テーブル（products）から価格（price）が1,000円以下の商品数を大カテゴリ別（large_category）に出力してください。

問5-2

　商品情報テーブル（products）から大カテゴリ（large_category）ごとの商品数が5件以上の大カテゴリ名と商品数を出力してください。また、出力結果は商品数が多い順に並び替えて出力してください。

解答5-1

解答例

```
SELECT
    large_category,
    COUNT(*)
FROM
    products
WHERE
    price <= 1000
GROUP BY
    large_category
```

実行結果

	large_category	COUNT(*)
1	ファッション	1
2	日用品	15
3	食品	7

解説

　まず、商品情報テーブルから大カテゴリ別に商品数を出力するためには、GROUP BY large_categoryという条件をつけます。SELECTのあとにはlarge_categoryと集約関数のCOUNT(*)を記述して、大カテゴリごとの商品数を出力することができます。さらにWHERE price <= 1000という条件をつけることで、1,000円以下のデータだけを取得することができます。1,000円以下ということは1,000円も含まれるので、演算子には<=を使いましょう。

　また、解答例ではWHEREとGROUP BYが同時に使われています。今回の条件は、「価格が1,000円以下の商品数を大カテゴリ別に出力する」なので、まず価格が1,000円以下の商品に絞り込みを行う必要があります。そのあとで、大カテゴリごとに集約して、商品数を出力します。つまり、解答例のようにWHEREで条件指定したあとで、GROUP BYによる集約を行うという順番になります。

　ちなみに、条件を指定して件数を取得したあと、本当に出力された結果が正

しいのか、実際のデータを見て確認したい場合があります。今回のように「価格が1,000円以下」という単純な条件であれば、確認する必要性も低いですが、複雑な条件でデータを取得する場合は、意図したデータ取得ができているかの確認も重要です。

データ分析では、集約関数で結果を求める前に、もとあるデータを確認することも重要です。COUNTでデータを集約する前のデータとして、product_id、name、priceをSELECTのあとに記述し、出力される商品の金額がすべて1,000円以下になっているか確認しましょう。このときに、「価格が1,000円以下」という条件どおりに、1,000円の商品もちゃんと含まれているかなどのチェックができるとよりよいです。

○集計前のデータを確認する場合

```
SELECT
    product_id,
    name,
    price
FROM
    products
WHERE
    price <= 1000
```

解答5-2

解答例

```
SELECT
    large_category,
    COUNT(*) AS category_count
FROM
    products
GROUP BY
    large_category
HAVING
    COUNT(*) >= 5
ORDER BY
    COUNT(*) DESC
```

実行結果

	large_category	category_count
1	日用品	34
2	電化製品	9
3	食品	7
4	ファッション	6

解説

　演習問題5-1と同様に、GROUP BY large_categoryという条件をつけて集約関数のCOUNT(*)を記述することで、大カテゴリごとの商品数を出力することができます。また、今回の場合はCOUNT(*) AS category_countと集計結果に別名をつけています。

　次に、条件として大カテゴリごとの商品数が5件以上の情報を出力するため、GROUP BYで大カテゴリごとの集約をした結果から、さらに絞り込みが必要です。その場合は、GROUP BYよりもあとに実行されるHAVINGの条件指定を使います。HAVING COUNT(*) >= 5という条件をつけることで、大カテゴリごとの商品数が5件以上の情報を取得できます。

　最後に、ORDER BY COUNT(*) DESCという条件をつけ、大カテゴリごとの製品数が多い順（降順）で結果を並び替えます。このとき、並び替えのORDER BYはSELECTよりもあとに実行されます。そのため、SELECTで集約関数の結果に別名をつけたカラムをORDER BYに指定できます。したがって、次のSQLのようにORDER BY COUNT(*) DESCをORDER BY category_count DESCに変更しても、結果は同じです。

○ ORDER BY に SELECT で別名をつけたカラムを指定する場合

```
SELECT
    large_category,
    COUNT(*) AS category_count
FROM
    products
GROUP BY
    large_category
HAVING
    COUNT(*) >= 5
ORDER BY
    category_count DESC
```

第 **6** 章

複数のテーブルを
「横」に結合する
~ JOIN ~

データ分析では、1つのテーブルからデータを取得することは少なく、多くの場合複数のテーブルを組み合わせてデータを取得します。テーブルの結合はSQLを学ぶうえでの最初のハードルになりやすいので、本章でテーブルの結合についてしっかりと学んでいきましょう。

複数のテーブルを組み合わせて分析を行う理由

効率的なデータの管理方法

　データ分析では、会社や各部門の売上などを集計することがあります。例えば、ECサイトの分析として、日別の売上を集計したい場合はどのようにデータ分析をする必要があるか考えてみましょう。

　本書で扱う購入履歴テーブルには、どの商品が購入されたのかの情報はありますが、商品の金額は含まれていません。商品の金額は商品情報テーブルに含まれています。つまり、購入履歴から日別の購入情報を取得して、売上を集計したい場合には、購入履歴テーブルと商品情報テーブルの2つのテーブルを組み合わせる必要があります[注1]。

○図6-1：複数のテーブルの活用

購入履歴テーブル定義

カラム名	意味	型
order_id	注文ID	TEXT
user_id	ユーザーID	TEXT
order_product_id	商品ID	TEXT
order_date	注文日時	TEXT
is_discounted	割引フラグ	INTEGER
is_canceled	キャンセルフラグ	INTEGER

商品情報テーブル定義

カラム名	意味	型
product_id	商品ID	TEXT
name	商品名	TEXT
price	金額	INTEGER
large_category	大カテゴリ	TEXT
medium_category	中カテゴリ	TEXT
small_category	小カテゴリ	TEXT

注1）　商品を購入したときの金額を保持したいときは、購入履歴テーブルに商品の金額情報が含まれる場合もあります。テーブルの設計によって、どのテーブルにどんな情報が含まれるかは異なります。本書では、テーブル結合のわかりやすさのために、購入履歴テーブルには商品の金額を含めない設計としています。

　なぜ、データ分析に必要なデータが1つのテーブルにまとまっていないのでしょうか。それは、データを管理するうえで、テーブルを別々にしたほうが運用の効率がよいからです。図6-2のように、データが1つにまとまった場合のテーブルを想像してみましょう。一見するとさまざまな情報が1つにまとまっているテーブルのほうが、データ分析において便利のようにも思えます。

○**図6-2：1つのテーブルに情報がまとまっている場合**

購入履歴と商品情報が1つにまとまったテーブル

order_id	user_id	order_ product_id	order_date	product _name	price
C000001	A0001	B0001	2022-02-25	おいしい水	120
C000002	A0002	B0001	2022-04-26	おいしい水	120
C000003	A0003	B0003	2022-10-13	腕時計	15000
・・・	・・・	・・・	・・・	・・・	・・・

　しかし、テーブルが1つにまとまっているため、同じ商品を買った場合、「おいしい水」という商品名や「120」という金額の情報が重複してテーブルに保存されます。データベースやテーブルは大量のデータを保存できますが、データの量にも限界があります。このように、同じ情報を保存しておくことはデータの容量の観点で非効率です。

　また、もし商品の名前が変更された場合はどうなるでしょうか。仮に「おいしい水」から「美味しい水」に商品名を変更する場合、「おいしい水」のすべての購入履歴のデータを変更する必要があります。テーブルが1つにまとまっていると、「商品情報」を修正するだけのはずが、「購入履歴」も修正することになり、本来関係のないデータを更新することになってしまいます。そのため、テーブルを1つにまとめることは、データを管理するという観点では非効率です。

テーブルの正規化

　テーブルを1つにまとめると、データの容量が非効率になったり、データの変更に対応しづらくなってしまうというデメリットがあります。そのため、効率的にデータを管理できるよう、購入履歴テーブルと商品情報テーブルのように、用途ごとにテーブルを分けて設計するのが一般的です。このように、データの重複をなくしてテーブルを設計することを正規化と呼びます。

　テーブルを正規化することで、必要最低限のデータをテーブルに保持し、データ容量も効率化することができます。また、「おいしい水」から「美味しい水」に商品名を変更する場合は、商品情報テーブルの「おいしい水」の1行を変更するだけですみます。購入履歴テーブルには影響はなく、更新するデータの量も少なくなります。

○図6-3：テーブルの正規化

購入履歴テーブル

order_id	user_id	order_product_id	order_date
C000001	A0001	B0001	2022-02-25
C000002	A0002	B0001	2022-04-26
C000003	A0003	B0003	2022-10-13
・・・	・・・	・・・	・・・

商品情報テーブル

product_id	product_name	price
B0001	おいしい水	120
B0002	シャープペン	150
B0003	腕時計	15000
・・・	・・・	・・・

　しかし、最近のデータ分析環境ではテーブルの正規化をせずに、あえてデータを1つのテーブルに集約する場合もあります。テーブルの正規化は、主にソフトウェア開発の観点で使われる考え方で、テーブルを正規化したほうがデータ運用の観点では効率がよいです。一方で、データ分析では必要なデータを素早く集計するという観点から、データを1つのテーブルに集約したほうが効率がよい場合もあります。データウェアハウスに保存されるテーブルは、データ分析に特化して、1つのテーブルにデータが集約されている場合もあります。

　いずれにしても、テーブルの正規化の概念は、データ分析においても非常に重要です。1つのテーブルにデータが集約されているデータウェアハウスだったとしても、すべての分析が1つのテーブルだけで完結するとは限りません。データ分析の用途に合わせて、さまざまなテーブルを組み合わせる必要があります。つまり、複数のテーブルからデータを組み合わせる方法を学ぶことで、よりデータ分析の幅が広がります。

第
6
章

複数のテーブルを「横」に結合するJOIN

JOINとは

　前述したとおり、多くのテーブルは正規化されているため、データ分析では複数のテーブルを結合してデータを取得する必要があります。そこで、複数のテーブルを結合する方法として使用するのがJOINです。JOINはテーブルを横に結合することができます。横に結合するとは、テーブルのカラムを追加するということです。そのため、JOINはそれぞれのテーブルから共通するカラムを指定して、複数のテーブルを結合するときに使用します。

○図6-4：テーブルを横に結合する

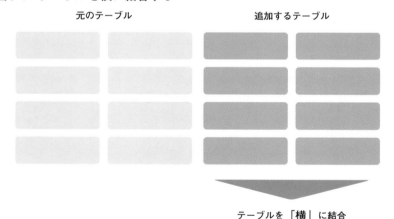

　例えば、購入履歴テーブル（orders）と、商品情報テーブル（products）の2つのテーブルを結合させたい場合を考えてみましょう。購入履歴テーブルにある商品ID（order_product_id）と、商品情報テーブルにある商品ID（product_id）が同じ値として保存されています。このとき、商品IDを共通のカラムにして、2つのテーブルを結合することができます。そうすることで、

購入履歴テーブルにはなかった商品の金額やカテゴリ別でデータを集計できます。

○図6-5：テーブルの結合例

購入履歴テーブル

order_id	user_id	order_product_id	order_date
C000001	A0001	B0001	2022-02-25
C000002	A0002	B0001	2022-04-26
C000003	A0003	B0003	2022-10-13
・・・	・・・	・・・	・・・

商品情報テーブル

product_id	product_name	price
B0001	おいしい水	120
B0002	シャープペン	150
B0003	腕時計	15000
・・・	・・・	・・・

JOINの種類

図6-6のように、テーブルを結合するJOINには大きく3つ種類があります。内部結合と外部結合とクロス結合です。さらに外部結合には左外部結合（LEFT OUTER JOIN）、右外部結合（RIGHT OUTER JOIN）、完全外部結合（FULL OUTER JOIN）の3種類があります。

○図6-6：JOINの種類

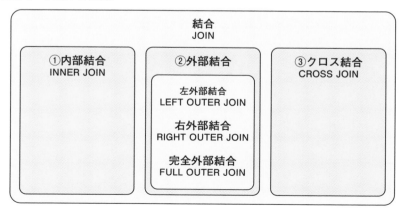

　また、内部結合、外部結合、クロス結合でそれぞれ結合の方法が異なります。JOINの種類と意味は次のとおりです。

○ JOINの種類と意味

JOINの種類	意味
内部結合 （INNER JOIN）	2のテーブルにある共通部分のみを結合して取得する
左外部結合 （LEFT OUTER JOIN）	2つのテーブルの左側（FROMの直後）のテーブル情報を残しながらテーブルを結合して結果を取得する
右外部結合 （RIGHT OUTER JOIN）	2つのテーブルの右側（JOINの直後）のテーブル情報を残しながらテーブルを結合して結果を取得する
完全外部結合 （FULL OUTER JOIN）	2つのテーブル情報をすべて残してテーブルを結合して結果を取得する
クロス結合 （CROSS JOIN）	2つのテーブルのデータを総当たりにして結果を取得する

　ここで大事な点は、データ分析でよく使われるのは内部結合と左外部結合の2つということです。完全外部結合やクロス結合も場合によっては必要になることはありますが、データ分析では内部結合と左外部結合の使用頻度のほうが圧倒的に多いです。したがって、本書ではデータ分析で使用頻度の高い内部結合と左外部結合に絞って、JOINの解説をします。左外部結合を理解するうえで、便宜的に右外部結合についても一部解説をしますが、基本的には内部結合と左外部結合の2つが理解できればJOINは十分に活用することができます。

○図6-7：データ分析で重要な結合

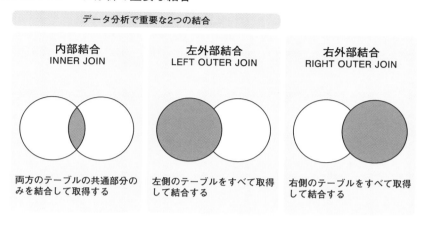

データ分析で重要な2つの結合

内部結合 INNER JOIN	左外部結合 LEFT OUTER JOIN	右外部結合 RIGHT OUTER JOIN
両方のテーブルの共通部分の みを結合して取得する	左側のテーブルをすべて取得 して結合する	右側のテーブルをすべて取得 して結合する

第6章

JOINの基本構文

　ここからは、実際にSQLでJOINを使うときの基本構文について解説します。SQLでJOINを使用する場合は、FROMで取得するテーブル情報を記述したあと、JOINを使って結合するテーブルを指定します。内部結合の場合はINNER JOIN、左外部結合の場合はLEFT OUTER JOINを使います。JOINで結合するテーブルを指定したあとは、ONを使って結合に必要なカラムを指定します。具体例では、ON o.user_id = u.user_idのようにordersテーブルのuser_idと、usersテーブルのuser_idを共通のカラムとして結合しています。

○JOINの基本構文

```
FROM テーブル1 AS テーブル1別名
    INNER JOIN テーブル2 AS テーブル2別名 ON テーブル1別名.カラム名 = テーブル2別名.カ
ラム名
```

○具体例

```
FROM orders AS o
    INNER JOIN users AS u ON o.user_id = u.user_id
```

　また、テーブルを結合するとき、テーブル名にASを使って別名をつけることが多いです。SELECT文のときにも解説しましたが、ASはカラムや集計結果に別名をつけるときに使います。それと同様に、JOINを使うときもASを使うことで、テーブルに別名をつけることができます。

　JOINは複数のテーブルを結合するため、SELECTでデータを取得するときに、どのテーブルのどのカラムのデータを取得するかを指定する必要があります。そのときに、テーブル名.カラム名という形でデータを取得します。ASを使ってテーブル名に別名をつけることで、テーブル名.カラム名をすっきり書くことができます。また、このときのASは省略されることもあります。

○ASが省略されるパターン

```
FROM orders o
    INNER JOIN users u ON o.user_id = u.user_id
```

データ分析でよく使う内部結合

内部結合の基本的な使い方

　ここからは、具体的な内部結合の使い方について詳しく解説します。

　まずは、JOINの基本構文を意識しながらSQL6-1を実行して、出力結果を確認してみましょう。SQL6-1は、購入履歴テーブル（orders）と顧客情報テーブル（users）を内部結合しています。内部結合でテーブルを結合させる場合は、INNER JOINを使用します。このとき、INNER JOINのINNERは省略することができます。単にJOINとだけ記述がある場合は、内部結合を意味するので注意しましょう。結合の際の共通のカラムとしてはどちらのテーブルにも存在する顧客ID（user_id）を使っています。

　また、テーブル名はASを使って別名をつけています。SQL6-1では、ordersテーブルはo、usersテーブルはuという別名にしています。テーブル名に別名をつけることによって、SELECTでデータを取得するときに、o.order_idと記述ができます。このとき、oが購入履歴テーブル、order_idが購入IDを指しているため、o.order_idは購入履歴テーブルの購入IDを取得するという意味になります。

★ハンズオン〜SQLを実行してみよう〜
○SQL6-1

```
SELECT
    o.order_id,
    o.user_id,
    u.gender,
    u.birth
FROM
    orders AS o
    INNER JOIN users AS u ON o.user_id = u.user_id
LIMIT 10
```

○図6-8：SQL6-1の実行結果

	order_id	user_id	gender	birth
1	C000001	A0980	女性	1966
2	C000002	A0653	女性	1982
3	C000003	A0984	男性	1985
4	C000004	A0130	女性	1993
5	C000005	A0363	女性	1978
6	C000006	A0999	男性	1971
7	C000007	A0575	男性	1989
8	C000008	A0285	女性	1995
9	C000009	A0870	女性	1960
10	C000010	A0837	女性	1981

　このように、JOINを使って複数のテーブルからSELECTでデータを取得するときには、どのテーブルのどのカラムのデータを取得するのか指定するのが基本です。例えば、SQL6-1では、ユーザー ID（user_id）は購入履歴テーブルと顧客情報テーブルの両方に存在するカラムです。この場合、ユーザー IDを取得するときは、どちらのテーブルのユーザー IDを指定するか明示的に記述しないと、SQLがエラーになってしまいます。

　SQLがエラーになることを確認するために、SQL6-2を実行して結果を確認してみましょう。SQL6-2を実行すると、ambiguous column name: user_idというエラーが出力されます。これはuser_idというカラムを解釈できず、エラーになったということです。

　今回のように、複数のテーブルに存在する同一のカラムを取得する場合は、o.user_idまたはu.user_idのようにどちらのテーブルのカラムなのかを明示する必要があります。この場合、どちらのテーブルを指定しても値は同じなので、結果が変わることはありません。

★ハンズオン～SQLを実行してみよう～

○SQL6-2

```
SELECT
    o.order_id,
    user_id,
    u.gender,
    u.birth
FROM
    orders AS o
    INNER JOIN users AS u ON o.user_id = u.user_id
LIMIT 10
```

○図6-9：SQL6-2の実行結果

```
エラーがありましたが、実行が終了しました。
結果: ambiguous column name: user_id
1 行目:
SELECT
  o.order_id,
  user_id,
  u.gender,
  u.birth
FROM
  orders AS o
  INNER JOIN users AS u ON o.user_id = u.user_id
LIMIT 10
```

第
6
章

　逆に、複数テーブルがある中で、カラムの情報が被っていない（複数テーブルの中でも1つしかそのカラムが存在しない）場合は、テーブル名の指定は省略することができます。

　SQL6-2との違いを確認するために、SQL6-3を実行して出力結果を確認してみましょう。購入ID（order_id）というカラムは購入履歴テーブルだけにしか入っておらず、顧客情報テーブルには存在しません。その場合は、SQL6-3のorder_idのようにテーブル名を指定せず、カラム名だけ指定しても取得するデータが決まっているため、エラーにはなりません。同様に、性別（gender）や誕生年（birth）も購入履歴テーブルには存在せず、顧客情報テーブルだけに存在するカラムなので、テーブル名を指定しなくてもエラーにはなりません。

○SQL6-3

```
SELECT
    order_id,
    o.user_id,
    gender,
    birth
FROM
    orders AS o
    INNER JOIN users AS u ON o.user_id = u.user_id
LIMIT 10
```

○図6-10：SQL6-3の実行結果

	order_id	user_id	gender	birth
1	C000001	A0980	女性	1966
2	C000002	A0653	女性	1982
3	C000003	A0984	男性	1985
4	C000004	A0130	女性	1993
5	C000005	A0363	女性	1978
6	C000006	A0999	男性	1971
7	C000007	A0575	男性	1989
8	C000008	A0285	女性	1995
9	C000009	A0870	女性	1960
10	C000010	A0837	女性	1981

　このように、JOINを使ってデータを取得する場合は、複数のテーブルから
データを取得することになるため、どのテーブルのどのカラムを取得するのか
明示する必要があります。カラムだけで値が1つに決まる場合は、テーブル情
報を省略できますが、基本的には、テーブル名.カラム名という形でデータを取
得するのがおすすめです。このほうがエラーも起きにくいですし、どのテーブ
ルのどのカラムを取得するのか明確になります。そのため、JOINを使う場合
は、テーブル名.カラム名でデータを取得しましょう。

内部結合によるデータ件数の減少

　内部結合の場合は、2つのテーブルに共通するデータのみ取得します。逆に、2つのテーブルに共通しないデータは結合されないことになります。データが結合されないと、もともとあったテーブルからデータが欠損した状態になります。つまり、内部結合を使ってテーブルを結合するときには、結合する前とあとでデータの件数が減少する可能性があります。そのため、内部結合を使う場合は、どのようにデータが変化しているのか確認することが重要です。

　SQL6-4、SQL6-5を実行して、テーブルを内部結合する前とあとでデータがどのように変化しているか、出力結果の違いを確認してみましょう。SQL6-4のように内部結合を行わずに、単純に購入履歴テーブルの行数を取得した場合は、集約関数のCOUNTを使って10万件のデータがあると確認できます。

　一方で、SQL6-5のように購入履歴テーブルと顧客情報テーブルを内部結合して行数を取得すると、10万件よりも数が減っているのが確認できます。これは、内部結合によって購入履歴テーブルと顧客情報テーブルの両方に存在するデータのみを取得しており、逆に両方のテーブルに存在しないデータは結合されないため、もともとの購入履歴テーブルの行数よりも少なくなっているということです。

★ハンズオン〜SQLを実行してみよう〜
○SQL6-4

```
SELECT
    COUNT(*)
FROM
    orders
```

○図6-11：SQL6-4の実行結果

	COUNT(*)
1	100000

第6章

131

○SQL6-5

```
SELECT
    COUNT(*)
FROM
    orders AS o
    INNER JOIN users AS u ON o.user_id = u.user_id
```

○図6-12：SQL6-5の実行結果

	COUNT(*)
1	99953

　本書で扱う購入履歴テーブルには、ユーザーID（user_id）がNULLの行が存在します。通常のECサイトであれば、会員登録をして商品を購入するのが一般的です。しかし、わざわざ会員登録するのが手間だと感じるユーザーもいるため、会員登録せずに住所や氏名など、必要な情報を入力して購入するECサイトもあります。本書では、このようにECサイトで会員登録せずに購入した場合などを想定して、購入履歴テーブルのユーザーIDがNULLの行も存在します。

　そのとき、ユーザーIDを共通のカラムとして内部結合すると、顧客情報テーブルにはユーザーIDがNULLのデータは存在していないので、その行は結合されません。したがって、購入履歴テーブルと会員情報テーブルを内部結合すると、ユーザーIDがNULLのデータが結合されずに、もともとの購入履歴テーブルよりもデータが少なくなります。

○図6-13：内部結合の注意点

購入履歴テーブル

order_id	user_id	order_product_id
C000001	A0001	B001
C000002	A0002	B002
C000003	NULL	B003
・・・	・・・	・・・

○
○
×

顧客情報テーブル

user_id	gender	birth
A0001	男性	1972
A0002	女性	1980
A0003	男性	1980
・・・	・・・	・・・

内部結合後のテーブル

order_id	user_id	order_product_id	user_id	gender	birth
C000001	A0001	B001	A0001	男性	1972
C000002	A0002	B002	A0002	女性	1980
・・・	・・・	・・・	・・・	・・・	・・・
・・・	・・・	・・・	・・・	・・・	・・・

第6章

内部結合によるデータ件数の増加

　内部結合を使うと、2つのテーブルに共通するデータのみを取得するため、結合によってデータの件数が減ってしまうことがあると先ほど解説しました。しかし、内部結合を使うと、逆にデータの件数が増える場合もあります。

　例えば、あるときから値上げして商品の値段が変わった場合など、同じ商品IDで複数の違う値段の商品が存在することがあります。このとき、内部結合を使って購入履歴テーブルと商品情報テーブルを結合すると、1つの購入履歴の行に対して、同じ商品IDで複数の行が結合されます。その結果、内部結合したことによってデータの件数が増えます。

○図6-14：内部結合でデータの件数が増える場合

購入履歴テーブル

order_id	user_id	order_product_id
C000001	A0001	B0001
C000002	A0002	B0002
C000003	NULL	B0003
・・・	・・・	・・・

商品情報テーブル

product_id	name	price	category
B0001	おいしい水	120	食品
B0001	おいしい水	160	食品
B0002	シャープペン	150	日用品
・・・	腕時計	15000	ファッション
		・・・	

内部結合後のテーブル

order_id	user_id	order_product_id	name	price	category
C000001	A0001	B0001	おいしい水	120	食品
C000001	A0001	B0001	おいしい水	160	食品
C000002	A0002	B0002	シャープペン	150	日用品
・・・	・・・	・・・			

　このように、内部結合を使うと、結合前とあとでデータの件数が増減する可能性があります。内部結合によってデータの件数がどのように変化するかは、実際に分析するデータの中身によって変わります。件数が増える場合も減る場合もどちらの可能性も考慮しながら、内部結合を正しく使いましょう。

データ分析でよく使う左外部結合

左外部結合の基本的な使い方

　ここからは、左外部結合の具体的な使い方について詳しく解説します。

　まずは、JOINの基本構文を意識しながら、SQL6-6を実行して出力結果を確認してみましょう。左外部結合も、基本的なSQLの構文は内部結合とほとんど同じです。内部結合の場合はINNER JOINを使いましたが、左外部結合の場合はLEFT OUTER JOINを使います。OUTERは省略することができるため、左外部結合の場合はLEFT JOINと書くこともできます。

第6章

★ハンズオン〜SQLを実行してみよう〜

○SQL6-6

```
SELECT
    o.order_id,
    o.user_id,
    u.gender,
    u.birth
FROM
    orders AS o
    LEFT OUTER JOIN users AS u ON o.user_id = u.user_id
LIMIT 10
```

○図6-15：SQL6-6の実行結果

	order_id	user_id	gender	birth
1	C000001	A0805	男性	1967
2	C000002	A0544	女性	1965
3	C000003	A0084	女性	1971
4	C000004	A0285	女性	1995
5	C000005	A0696	女性	2003
6	C000006	A0970	女性	1988
7	C000007	A0337	男性	1970
8	C000008	A0438	女性	1995
9	C000009	A0125	女性	1994
10	C000010	A0339	女性	1976

　外部結合には左外部結合と右外部結合がありますが、どちらを使用するかでデータを取得するもととなるテーブルが異なります。また、「左」と「右」の概念が存在しますが、SQLではFROMのあとに書いたテーブルを左側、JOINのあとに書いたテーブルを右側と解釈します。つまり、SQL6-6の左外部結合の場合は、FROMのあとに購入履歴テーブル（orders）が記述されており、JOINのあとに顧客情報テーブル（users）が記述されているので、購入履歴テーブルの情報をもとにして顧客情報テーブルを結合しています。

　また、右外部結合を使うときは、LEFT OUTER JOINをRIGHT OUTER JOINに変えるだけです。その場合、JOINのあとに記述されている顧客情報テーブルをもとにして購入履歴テーブルを結合します。

○**右外部結合**

```
FROM
    orders AS o
    RIGHT OUTER JOIN users AS u ON o.user_id = u.user_id
```

　ちなみに、本書で扱っているSQLiteではRIGHT　OUTER　JOINはサポートされていないため、使うことができません注2。しかし、実際のデータ分析では、RIGHT　OUTER　JOINを使うことはかなり少ないです。RIGHT　OUTER　JOINとLEFT　OUTER　JOINは、FROMのあとに指定するテーブルと、JOINのあとに指定するテーブルを入れ替えることで、基本的にはどちらでも同じデータを取得できます。つまり、どちらか一方が使えれば、データ分析で困ることはほとんどありません。したがって、本書では外部結合に関してはデータ分析でよく使用するLEFT　OUTER　JOINのみを解説します。

左外部結合の注意点

　左外部結合は、FROMのあとに指定したテーブル情報をもとに、テーブルを結合して結果を取得します。内部結合の場合は、2つのテーブルに共通するデータのみを取得するため、内部結合と左外部結合では結合の方法が異なります。

　どちらを使うかはどういったデータを集計したいかによるので、まずは違いをしっかりと理解することが重要です。内部結合の場合は、テーブルを結合する前とあとでデータの件数が増減する可能性がありました。左外部結合を使う場合も、テーブルを結合する前とあとでデータがどのように変化するのか確認しましょう。

　SQL6-7、SQL6-8、SQL6-9を実行して、内部結合と左外部結合の違いについて確認してみましょう。SQL6-7は購入履歴テーブルだけのデータ件数を取得するSQLで、SQL6-8は購入履歴テーブルと顧客情報テーブルを内部結合して、データの件数を取得するSQLです。それぞれの違いは内部結合のときに解説したとおりで、内部結合の場合は両方のテーブルに存在する行のみを取得するため、結合によってデータが少なくなることもあります。

　一方で、SQL6-9は購入履歴テーブルをもとにして、顧客情報テーブルを左

注2）　SQLiteのバージョンによってはRIGHT　OUTER　JOINもサポートされている場合がありますが、本書ではサポート外を前提とします。

外部結合しています。結合したときの行数は単純に購入履歴テーブルだけの行数を取得したときと同じです。その理由は、左外部結合は左側のテーブル（FROMで指定したテーブル）をもとにしてテーブルを結合するため、左側のテーブルはすべて残った状態で結合されるからです。

★ハンズオン～SQLを実行してみよう～

○SQL6-7

```
SELECT
    COUNT(*)
FROM
    orders
```

○図6-16：SQL6-7の実行結果

	COUNT(*)
1	100000

○SQL6-8

```
SELECT
    COUNT(*)
FROM
    orders AS o
    INNER JOIN users AS u ON o.user_id = u.user_id
```

○図6-17：SQL6-8の実行結果

	COUNT(*)
1	99953

○SQL6-9

```
SELECT
    COUNT(*)
FROM
    orders AS o
    LEFT JOIN users AS u ON o.user_id = u.user_id
```

○図6-18：SQL6-9の実行結果

	COUNT(*)
1	100000

　購入履歴テーブルにはユーザー ID（user_id）がNULLの行がありますが、顧客情報テーブルにはユーザー IDがNULLの行はありません。内部結合であれば両方のテーブルに存在しないデータは結合されませんが、左外部結合では、購入履歴テーブルにあるユーザー IDがNULLの顧客情報はNULLの状態で結合されます。

　つまり、左外部結合の場合はFROMで指定したテーブルからデータが減ることはなく、もとのデータを維持したまま他のテーブルと結合することができます。

○図6-19：外部結合の注意点

購入履歴テーブル

order_id	user_id	order_product_id
C000001	A0001	B001
C000002	A0002	B002
・・・	・・・	・・・
C000005	NULL	B005

顧客情報テーブル

user_id	gender	Birth
A0001	男性	1972
A0002	女性	1980
・・・	・・・	・・・
・・・	・・・	・・・

外部結合後のテーブル

order_id	user_id	order_product_id	user_id	gender	Birth
C000001	A0001	B001	A0001	男性	1972
C000002	A0002	B002	A0002	女性	1980
C000005	NULL	B005	NULL	NULL	NULL
・・・	・・・	・・・	・・・	・・・	・・・

　内部結合では、結合によってデータの件数が増える場合も減る場合もどちらもあると解説しましたが、左外部結合に関しては、データの件数が減ることは

ありません。左外部結合は、FROMのあとに指定したテーブルのデータをすべて残したまま結合します。しかし、内部結合では結合のときに複数の行が結合される場合があるため、データの件数が増えることがあります。それと同様に、左外部結合でもデータの件数が増える場合はあります。そのため、左外部結合を使うときには、データの件数が増える可能性を考慮しながら正しく活用しましょう。

結合の順番による注意点

外部結合には左外部結合と右外部結合があるため、FROMのあとにどのテーブルを指定するかで最終的に得られるデータが変わる可能性があります。つまり、FROMのあとに指定するテーブルと、JOINのあとに指定するテーブルの順番を変えると、結合したデータが変更する可能性があるということです。

SQL6-10、SQL6-11を実行して、JOINの順番を変えるとどうなるか、出力結果を確認してみましょう。SQL6-10では、FROMのあとが購入履歴テーブルで、JOINのあとが顧客情報テーブルになっています。一方で、SQL6-11では順番が変わっており、FROMのあとが顧客情報テーブルで、JOINのあとが購入履歴テーブルになっています。

SQL6-10のように、購入履歴テーブルをもとにして顧客情報テーブルを外部結合した場合、購入履歴テーブルにある情報はすべて残されたままになります。一方で、SQL6-11のように、顧客情報テーブルをもとにして購入履歴テーブルを外部結合した場合、顧客情報テーブルにある情報はすべて残されたままになります。

★ハンズオン～SQLを実行してみよう～

○ SQL6-10

```
SELECT
    COUNT(*)
FROM
    orders AS o
    LEFT JOIN users AS u ON o.user_id = u.user_id
```

○図6-20：SQL6-10の実行結果

	COUNT(*)
1	100000

○ SQL6-11

```
SELECT
    COUNT(*)
FROM
    users AS u
    LEFT JOIN orders AS o ON o.user_id = u.user_id
```

○図6-21：SQL6-11の実行結果

	COUNT(*)
1	100417

このように、左外部結合はどちらのテーブルをもとにするか（FROMのあとに指定するか）で、データの結果が変わる可能性があります。つまり、データ分析で左外部結合を使う場合は、結合する順番も非常に重要になります。どちらがよい悪いという話ではなく、データ分析を行う目的に応じて使い分ける必要があります。

SQL6-10は、購入履歴テーブルをもとに顧客情報テーブルを結合しているため、購入履歴テーブルのデータはすべて取得されます。しかし、購入履歴テーブルに存在せずに、顧客情報だけが存在するデータは取得されません。例えば、会員登録はしていても、実際にECサイトでは購入していないデータは、SQL6-

10では取得することはできません。SQL6-10はあくまで購入履歴テーブルをもとにしたデータ取得なので、購入履歴テーブルにあるデータのみが取得されます。

一方で、SQL6-11は顧客情報テーブルをもとに購入履歴テーブルを結合しているため、顧客情報テーブルのデータはすべて取得されます。ECサイトで購入をしていなくても、顧客情報だけが登録されているデータは取得されます。しかし、会員登録しないで購入した場合など、顧客情報がない購入履歴に関しては、結合されません。SQL6-11はあくまで顧客情報をもとにしたデータ取得なので、顧客情報テーブルにあるデータのみが取得されます。

○図6-22：左外部結合の順番を変えた場合

購入履歴テーブル

order_id	user_id
C000001	A0001
C000002	A0002
C000005	NULL
・・・	・・・

顧客情報テーブル

user_id	birth
A0001	1972
A0002	1980
A0003	1990
・・・	・・・

出力結果テーブル

order_id	user_id	birth
C000001	A0001	1972
C000002	A0002	1980
C000005	NULL	NULL
・・・	・・・	・・・

顧客情報テーブル

user_id	birth
A0001	1972
A0002	1980
A0003	1990
・・・	・・・

購入履歴テーブル

order_id	user_id
C000001	A0001
C000002	A0002
C000005	NULL
・・・	・・・

出力結果テーブル

user_id	order_id	birth
A0001	C000001	1972
A0002	C000002	1980
A0003	NULL	1990
・・・	・・・	・・・

このように、左外部結合を使う場合は、どんなデータを取得したいかによってJOINの順番に気をつける必要があります。顧客情報を取得したい場合はFROMのあとに顧客情報テーブルを指定する、購入情報を取得したい場合はFROMのあとに購入履歴テーブルを指定するなど、用途に応じてどの順番でテーブルを結合するか考えなければいけません。内部結合の場合は、両方のテーブルに共通するデータを取得するため、JOINの順番を気にする必要はありませんが、左外部結合を使う場合は、JOINの順番にも気をつけましょう。

データ分析における「JOIN」の 考え方

　データ分析では、テーブルの結合は非常に重要です。取得したいデータが1つのテーブルにすべて入っているということは現実的に少なく、複数のテーブルを結合させて、必要なデータを取得する場合が多いです。そのため、テーブルを結合するJOINは、データ分析でもよく利用されます。また、データ分析においてJOINでよく使うのが内部結合（INNER JOIN）と左外部結合（LEFT OUTER JOIN）です。図6-23のように、複数のテーブルを「横」に結合して出力結果を求めることがJOINで重要な考え方です。つまり、JOINは元のテーブルに新しくカラムが追加される結合方法であると覚えておきましょう。

第6章

○図6-23：JOINの考え方

購入履歴テーブル

order_id	user_id	order_product_id	order_date
C000001	A0001	B022	2022-02-25
C000002	A0002	B024	2022-04-26
C000003	A0003	B002	2022-10-13
・・・	・・・	・・・	・・・

顧客情報テーブル

user_id	gender	birth
A0001	男性	1972
A0002	女性	1980
A0003	男性	1988
・・・	・・・	・・・

出力結果テーブル

order_id	user_id	order_product_id	order_date	user_id	gender	birth
C000001	A0001	B022	2022-02-25	A0001	男性	1972
C000002	A0002	B024	2022-04-26	A0002	女性	1980
C000003	A0003	B002	2022-10-13	A0003	男性	1988

演習問題

問6-1

　購入履歴テーブル（orders）と商品情報テーブル（products）を結合して、2022年1月1日の売上と購入件数を出力してください。また、キャンセルのある購入データは除外してください。

問6-2

　購入履歴テーブル（orders）と商品情報テーブル（products）を結合して、顧客ID（user_id）ごとの売上と購入件数を出力してください。条件として、キャンセルのある購入データは除外してください。また、出力結果は顧客IDごとの売上が多い順に並び替えてください。

解答 6-1

解答例

```
SELECT
    SUM(p.price),
    COUNT(*)
FROM
    orders AS o
    LEFT JOIN products AS p ON o.order_product_id = p.product_id
WHERE
    o.order_date = '2022-01-01'
    AND o.is_canceled = 0
```

実行結果

	SUM(p.price)	COUNT(*)
1	4788286	961

解説

　購入履歴テーブルと商品情報テーブルを結合させるためには、共通のカラムである商品IDを使って結合します。購入履歴テーブルにある商品IDは`order_product_id`、商品情報テーブルにある商品IDは`product_id`です。これらを共通のカラムとして2つのテーブルを結合します。

　今回出力する項目は売上と購入件数なので、売上は`SUM(p.price)`、購入件数は`COUNT(*)`と、それぞれ集約関数を使って計算しています。

　また、2022年1月1日のデータに限定するために、`WHERE o.order_date = '2022-01-01'`の条件を追加しています。キャンセルのある購入データを除外するため、`WHERE`のあとに`AND o.is_canceled = 0`の条件も追加しています。ちなみに、今回のデータだと2022年1月1日の購入履歴の中にキャンセルされた購入データは含まれていないので、`AND o.is_canceled = 0`があってもなくても結果は同じです。

　解答例では、左外部結合（`LEFT JOIN`）を使って2つのテーブルを結合していますが、今回に関しては内部結合（`INNER JOIN`）を使っても結果は同じです。購入履歴テーブルに入っている商品ID（`order_product_id`）は

NULLの行が存在しないので、内部結合でも外部結合でもどちらを使っても、もとの購入履歴テーブルの情報が変わることはありません。

　しかし、購入履歴テーブルに入っている商品IDが商品情報テーブルに存在しない場合は結合の方法で結果が変わる可能性があります。例えば、たまたま商品管理をしていない商品があった場合、その商品を購入すると、購入履歴テーブルの商品IDがNULLになる可能性があります。その場合、内部結合で2つのテーブルを結合すると、商品管理されていない購入データが結合されず、その分売上や購入件数も減ってしまいます。内部結合を使うのがよいか外部結合を使うのがよいかは、どういったデータを集計したいかによるため、一概にどちらがよいとはいい切れません。内部結合と外部結合の違いを理解し、必要に応じて使い分けることが重要です。

解答6-2

解答例

```
SELECT
    o.user_id,
    SUM(p.price) AS total_price,
    COUNT(*) AS total_orders
FROM
    orders AS o
    LEFT JOIN products AS p ON o.order_product_id = p.product_id
WHERE
    o.is_canceled = 0
GROUP BY
    o.user_id
ORDER BY
    total_price DESC
```

実行結果

	user_id	total_price	total_orders
1	A0302	3094323	576
2	A0669	3025935	552
3	A0698	2991788	578
4	A0672	2971542	604
5	A0970	2964526	568
6	A0765	2963679	585
7	A0937	2917279	569
8	A0638	2911521	566
9	A0128	2855795	551
10	A0530	2853665	585

解説

　購入履歴テーブルと商品情報テーブルを結合させるためには、共通のカラムである商品IDを使って結合します。今回出力する項目は顧客IDごとの売上と購入件数なので、GROUP BY o.user_idで顧客IDごとの集計を行います。SELECTにはo.user_idとSUM(p.price)とCOUNT(*)で、売上と購入件数を出力します。また、キャンセルのある購入データは除外するため、WHERE o.is_canceled = 0の条件をつけています。

　さらに、売上が多い順に並び替えるためにORDER BYで並び順を指定しています。ORDER BYは、集約関数を使って計算した結果を指定することができます。並び順を指定するときは、昇順（小さい順）ならASC、降順（大きい順）ならDESCを記述します。つまり、今回の場合はORDER BY total_price DESCと記述することで、売上が多い順に出力結果を並び替えることができます。

　また、並び替えの記述はORDER BY SUM(p.price) DESCでも問題ありません。第5章の「集約した結果に対して条件をつける」で解説したSQLが実行される順番を考慮すると、ORDER BYはSELECTよりもあとに実行されます。そのため、SELECTの中でASを使って別名をつけたカラムをORDER BYに指定することができます。その場合は、解答例のようにORDER BY total_price DESCと記述します。

第 7 章

複数のテーブルを「縦」に結合する

～ UNION ～

前章では、テーブルを横に結合する方法として JOIN について学びました。

本章ではもう1つ、テーブルを縦に結合する方法を学びます。結合方法に関して、ぜひ JOIN との違いも合わせて学んでいきましょう。

複数のテーブルを「縦」に結合するUNION

JOINとUNIONの違い

　2つ以上のテーブルを結合して、データを取得するときに使われるのがJOINですが、JOIN以外にもテーブルを結合する方法があります。JOINの場合はテーブルを横に結合する方法として、新しくカラムが追加されるようなイメージでテーブルを結合します。

　もう1つ、テーブルを縦に結合して、テーブルの行を追加する方法があります。それがUNIONを使った結合方法です。JOINの場合はテーブルを横に結合するため、共通のカラムを指定する必要がありました。UNIONの場合はテーブルを縦に結合するため、結合するテーブルのカラム情報が一致している必要があります。

○図7-1：JOINとUNIONの違い

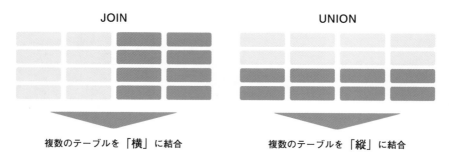

　例えば、図7-2のように顧客情報テーブルが2つあった場合を考えてみましょう。顧客情報テーブル①には顧客ID（user_id）と年齢（age）の2つのカラムがあり、顧客情報テーブル②には顧客ID（user_id）と性別（gender）の2つのカラムがあります。この場合、UNIONを使ってテーブル

を縦に結合することはできません。なぜなら、顧客ID（user_id）という共通のカラムはありますが、性別（gender）と年齢（age）という別々のカラムが存在するため、テーブルを縦に結合しようとすると、整合性が取れずに結合することができないからです。

○図7-2：テーブルを縦に結合できない場合

顧客情報テーブル①

user_id	age
A0001	18
A0002	25
A0003	40

顧客情報テーブル②

user_id	gender
A0004	男性
A0005	女性
A0006	男性

カラムが揃っていないため
UNIONで結合できない

第7章

次に、図7-3のような顧客情報テーブルが2つあった場合を考えてみましょう。顧客情報テーブル①と顧客情報テーブル②はどちらも顧客ID（user_id）と年齢（age）の共通する2つのカラムがあります。つまり、図7-3の場合は2つある顧客情報テーブルのカラム情報が一致しているため、UNIONを使ってテーブルを縦に結合することができます。

○図7-3：テーブルを縦に結合できる場合

顧客情報テーブル①

user_id	age
A0001	18
A0002	25
A0003	40

結合後の顧客情報テーブル

user_id	age
A0001	18
A0002	25
A0003	40
A0004	41
A0005	32
A0006	29

顧客情報テーブル②

user_id	age
A0004	41
A0005	32
A0006	29

○ カラムが揃っているため
UNIONで結合できる

　このように、テーブルを縦に結合する場合は、テーブルのカラム情報が一致している必要があります。図7-2のようにカラムが一致していない場合は、顧客ID（user_id）のような共通のカラムが存在すれば、JOINを使ってテーブルを横に結合することはできるかもしれません。テーブルを縦に結合する場合はUNIONを使い、テーブルを横に結合する場合はJOINを使うなど、それぞれのテーブルに合わせて使い分けができるようにしましょう。

UNIONの基本構文と種類

　ここからは、SQLでUNIONを使うときの基本構文について解説します。UNIONは2つのテーブルを縦に結合することができるため、SELECTで取得した2つのテーブルの出力結果をUNIONを使って結合することができます。

○UNIONの基本構文

```
SELECT * FROM テーブル1

UNION

SELECT * FROM テーブル2
```

　また、UNIONにはUNIONとUNION ALLの2種類が存在します。UNIONは
データを結合するときに重複する行があったら重複行を削除して結合します。
一方のUNION ALLは、重複する行があっても重複行は削除せずに結合しま
す。

○ UNIONの結合方法と意味

結合方法	意味
UNION	データに重複があった場合に重複行を排除して結合する
UNION ALL	データに重複があった場合に重複行を排除せずに結合する

　重複する行とはすべてのカラムのデータが一致していることを指します。例
えば、顧客IDと年齢が入った2つの顧客情報テーブルが存在した場合を考えて
みます。図7-4のように、それぞれのテーブルに顧客ID（user_id）と年齢
（age）がまったく同じ行で存在したとします。このとき、UNIONを使って2
つのテーブルを結合すると、重複した行は1行だけが出力されます。

　一方で、UNION ALLを使って結合すると、重複を排除せずに結合されるた
め、重複した行でも2行出力されます。データ分析ではどちらもよく活用され
るので、重複を排除したほうがよいのか、重複は排除しないほうがよいのか、
集計したいデータの内容に合わせて使い分けることが重要です。

第7章

○図7-4：UNION と UNION ALL の違い

顧客情報テーブル①

user_id	age
A0001	18
A0002	25
A0003	**40**

+

顧客情報テーブル②

user_id	age
A0003	**40**
A0004	32
A0005	29

UNIONで結合

出力結果テーブル

user_id	age
A0001	18
A0002	25
A0003	**40**
A0004	32
A0005	29

UNION ALLで結合

出力結果テーブル

user_id	age
A0001	18
A0002	25
A0003	**40**
A0003	**40**
A0004	32
A0005	29

データ分析でよく使う UNIONのパターン

データの前処理としての結合

　データ分析は、前処理に時間がかかるといわれています。前処理とは、SQLを使ってデータを集計する前に、テーブルの情報を整えたり、データを1つにまとめたりする作業のことです。例えば、顧客情報を管理するテーブルがあったときに、サービスのリニューアルやデータベースの再設計など、なんらかの理由で顧客情報テーブルが複数のテーブルに分かれてしまうことがあります。また、データの量が多いと、日付などでテーブルを分割してデータを保存することもあります。

　データの管理という観点では、データを分割したほうが効率がよい場合もあるので、構造が同じデータが複数のテーブルに保存されることもあります。しかし、複数のテーブルにデータが保存されていると、データを取得するときにそのつどどのテーブルからデータを取得するのか選択する必要があるため、データ分析の観点では非効率になる場合があります。

第7章

○図7-5：テーブルが複数ある場合

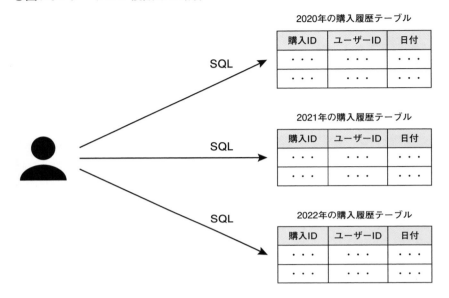

構造が同じデータが複数のテーブルに保存されている場合、前処理として UNIONを使って1つのテーブルにまとめることができます。複数のテーブルを UNIONを使ってまとめることで、1つのテーブルからデータを取得できます。

○図7-6：テーブルを1つにまとめた場合

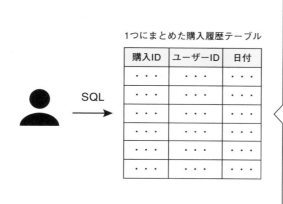

1つにまとめた購入履歴テーブル

購入ID	ユーザーID	日付
・・・	・・・	・・・
・・・	・・・	・・・
・・・	・・・	・・・
・・・	・・・	・・・
・・・	・・・	・・・
・・・	・・・	・・・

2020年の購入履歴テーブル

購入ID	ユーザーID	日付
・・・	・・・	・・・
・・・	・・・	・・・

2021年の購入履歴テーブル

購入ID	ユーザーID	日付
・・・	・・・	・・・
・・・	・・・	・・・

2022年の購入履歴テーブル

購入ID	ユーザーID	日付
・・・	・・・	・・・
・・・	・・・	・・・

第7章

このように、複数のテーブルを1つのテーブルにまとめることで、効率的にデータ分析ができるようになります。JOINのときにも解説したとおり、データ分析ではほしいデータがあらかじめ1つのテーブルにまとまっているとは限りません。同じ構造でテーブルが複数に分かれているときは、UNIONを使ったテーブルの結合が非常に便利です。

集計結果を縦にまとめて求めたい場合

UNIONを使うことで、テーブルを縦に結合することができます。その特徴を活かして、集計結果が横で得られたものを縦にして求めたい場合に、UNIONを活用できます。例えば、顧客情報テーブルから誕生年の最大値と最小値を求めたい場合を考えてみましょう。

まずは復習として、SQL7-1を実行し、出力結果を確認してみましょう。SQL7-1は、顧客情報テーブル（users）から誕生年（birth）の最大値（MAX）と最小値（MIN）を求めています。これはSELECTのあとにMAX(birth)と

MIN(birth) という2つの集計結果を指定しているため、誕生年の最大値と最小値の2つのデータが横に出力された状態になります。

★ハンズオン〜SQLを実行してみよう〜
○ SQL7-1

```
SELECT
    MAX(birth) AS max_birth,
    MIN(birth) AS min_birth
FROM
    users
```

○図7-7：SQL7-1の実行結果

	max_birth	min_birth
1	2003	1941

　もちろん、単純にデータを集計したい場合は、これでもまったく問題ありません。しかし、集計結果を横に出力するのではなく縦に出力したい場合、UNION（UNION ALL）を活用することができます。

　データを横持ちから縦持ちに変更したことを確認するために、SQL7-2を実行して出力結果を確認してみましょう。SQL7-1では、結果を横にまとめて出力しましたが、SQL7-2ではUNION ALLを使って結果を縦にまとめています。

　まず、SQL7-2の1つ目のSELECT文では、顧客情報テーブルからMAX(birth)で誕生年の最大値を取得しています。2つ目のSELECT文では、MIN(birth)で誕生年の最小値を取得しています。それら2つの出力結果をUNION ALLを使って結合しているのがSQL7-2です。

　SQL7-2では、UNION ALLを使っていますが、今回の場合は、重複する行は存在しないので、UNIONでもUNION ALLでもどちらを使っても同じ結果になります。また、結合するときにどちらが誕生年の最大値と最小値なのか出力結果テーブル上でもわかるように、誕生年の最大値をmax_birth、最小値

をmin_birthという文字列にして、ASを使ってカラム名をdata_keyと設定しています。UNION ALLを使ってテーブルを結合するときは、両方のテーブルのカラムが同じでないと結合ができないので、どちらも同じdata_keyとdata_valueという2つのカラムが出力されるようにしています。

★ハンズオン〜SQLを実行してみよう〜

○SQL7-2

```
SELECT
    'max_birth' AS data_key,
    MAX(birth) AS data_value
FROM
    users

UNION ALL

SELECT
    'max_birth' AS data_key,
    MIN(birth) AS data_value
FROM
    users
```

○図7-8：SQL7-2の実行結果

	data_key	data_value
1	max_birth	2003
2	max_birth	1941

　今回のように、誕生年の最大値と最小値を求めるくらいであれば、UNION ALLを使わないほうがシンプルにデータを取得できます。しかし、出力結果を横持ちではなく縦持ちで結果がほしい場合は、UNION（UNION ALL）を使うことで縦持ちに変換できます。

データ分析における「UNION」の考え方

　複数のテーブルを結合する方法として、テーブルを横に結合するJOINと、テーブルを縦に結合するUNIONがあります。どちらもテーブルの結合という意味では同じですが、結合の仕方がそれぞれ違うので、どのようなデータを取得するのかに応じて使い分ける必要があります。図7-9のように、複数のテーブルを「縦」に結合して出力結果を求めることがUNIONで重要な考え方です。つまり、UNIONは、テーブルの行を追加する結合方法であると覚えておきましょう。

○図7-9：UNIONの考え方

購入履歴テーブル①

order_id	user_id	order_product_id
C000001	A0001	B022
C000002	A0002	B024
・・・	・・・	・・・

購入履歴テーブル②

order_id	user_id	order_product_id
C000005	A0005	B042
C000006	A0006	B034
・・・	・・・	・・・

出力結果テーブル

order_id	user_id	order_product_id
C000001	A0001	B022
C000002	A0002	B024
C000005	A0005	B042
C000006	A0006	B034
・・・	・・・	・・・

演習問題

問7-1

　商品情報テーブル（products）から商品の価格の最大値と最小値と平均値を出力してください。結果はUNION（UNION ALL）を使って、出力結果が縦になるようにしてください。

問7-2

　購入履歴テーブル（orders）から2022年1月1日から2022年1月31日までの購入件数と、2022年12月1日から2022年12月31日までの購入件数を出力してください。条件として、キャンセルのある購入データは除外してください。結果はUNION（UNION ALL）を使って、出力結果が縦になるようにしてください。

解答7-1

解答例

```sql
SELECT
    'max_price' AS data_key,
    MAX(price) AS data_value
FROM
    products

UNION ALL

SELECT
    'min_price' AS data_key,
    MIN(price) AS data_value
FROM
    products

UNION ALL

SELECT
    'avg_price' AS data_key,
    AVG(price) AS data_value
FROM
    products
```

実行結果

	data_key	data_value
1	max_price	35000
2	min_price	59
3	avg_price	6392.95

解説

　最大値、最小値、平均値を求める場合は集約関数でそれぞれMAX、MIN、AVGを使います。価格の最大値を求める場合はMAX(price)、最小値を求める場合はMIN(price)、平均値を求める場合はAVG(price)を使います。

　結果を縦にまとめたい場合は、UNION ALLを活用します。今回の場合は、重複した行が存在しないため、UNIONを使っても同じ結果です。UNIONやUNION ALLを使う場合は、結合するテーブルのカラムが同じである必要があるため、data_keyとdata_valueという2つのカラムを表示させるようにします。最大値、最小値、平均値の3つの値をSELECTで取得したら、UNION ALLを使って結合させることで、結果を縦に出力できます。

解答 7-2

解答例

```
SELECT
    '2022年1月' AS month,
    COUNT(DISTINCT order_id) AS order_count
FROM
    orders
WHERE
    order_date BETWEEN '2022-01-01' AND '2022-01-31'
    AND is_canceled = 0

UNION ALL

SELECT
    '2022年12月' AS month,
    COUNT(DISTINCT order_id) AS order_count
FROM
    orders
WHERE
    order_date BETWEEN '2022-12-01' AND '2022-12-31'
    AND is_canceled = 0
```

実行結果

	month	order_count
1	2022年1月	9875
2	2022年12月	10172

解説

　まずは、購入履歴テーブルから2022年1月1日から2022年1月31日までの購入件数を出力するSQLを考えます。購入件数を求める場合は、購入IDを重複なしで集計すればよいので、集約関数のCOUNTを使ってCOUNT(DISTINCT order_id)で求めます。今回は、購入履歴テーブルの購入IDにNULLや重複が存在しないので、COUNT(*)やCOUNT(order_id)でも同じ結果が得られます。

　また、2022年1月1日から2022年1月31日までという日付の条件が指定されているため、値の範囲を指定するBETWEENを使って、order_date BETWEEN '2022-01-01' AND '2022-01-31'という条件をWHEREで指定します。そうすることで、2022年1月1日から2022年1月31日までの購入件数

を求めることができます。また、キャンセルのある購入データは除外するため、is_canceled ＝ 0の条件をつけています。

　次に、2022年12月1日から2022年12月31日までの購入件数を求める場合は、BETWEENで期間を指定した日付を変更することで、取得できます。なので、order_date BETWEEN '2022-12-01' AND '2022-12-31'と日付の部分だけを変更し、2022年12月1日から2022年12月31日までの購入件数を求めています。

　最後に、2つの結果をUNION ALLを使うことで、出力結果テーブルを縦に結合します。今回の場合は、重複した行が存在しないため、UNIONを使っても同じ結果になります。2つの出力結果テーブルのカラムを合わせるため、それぞれmonthとorder_countというカラムが出力されるように、ASを使ってSELECTで出力します。これによって、2022年1月1日から2022年1月31日までの購入件数と、2022年12月1日から2022年12月31日までの購入件数を縦にした状態で出力できます。

　今回のように、条件を変えてSQLを実行することは、データ分析でもよくあります。そのつど条件だけ変えて何回もSQLを実行すれば、ほしい情報が得られますが、何度も実行することが手間になることもあります。UNIONを使えば、条件だけを変えたSQLを1回実行するだけで、まとめて結果を出力できます。

第 8 章

条件に合わせて
分類をする
~ CASE ~

データ分析では、複数のテーブルを結合してデータを取得すること
が多いです。しかし、必ずしもほしいデータがテーブルに存在して
いるとは限りません。その場合は、条件に合わせてデータを分類
することで、自分がほしいデータを作る必要があります。
本章では、そんなデータの分類に必要な方法について学んでいき
ましょう。

データを分類するCASE式

HML分析でユーザーを分類するための定義

　データ分析で購入履歴を分析することはよくあります。例えば、どんなユーザーが、いつ、何を購入したのか、どのくらいの金額を使ったのかなど、購入履歴を分析して、自社のECサイトの状況を把握することは、ビジネスにおいても非常に重要です。

　本章では、購入履歴テーブルを使ってHML分析をする方法を考えてみましょう。HML分析とは、ユーザーをヘビー（Heavy）、ミドル（Middle）、ライト（Light）の3つに分類して購入者を分析する手法です。

　HML分析をする前に、最初に必要なことは、どのような条件で分類するかを決めることです。データ分析では、データの集計の前に定義を確認することも重要なステップなので、ぜひ覚えておきましょう。今回は、ユーザーごとの年間の購入金額によって、次のように分類します。また、このときユーザー情報が空のデータと、キャンセルのある購入データは含めません。

- ヘビー（H）：年間の購入金額が1,000,000円以上
- ミドル（M）：年間の購入金額が200,000円以上、1,000,000円未満
- ライト（L）：年間の購入金額が200,000円未満

166

○図8-1：HML分析

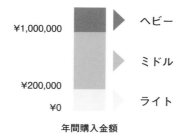

¥1,000,000 → ヘビー

→ ミドル

¥200,000
¥0 → ライト

年間購入金額

　分類の定義が決まったら、次はSQLでデータを取得します。最初に、ユーザーごとの年間の購入金額を求めるSQL8-1を実行して、出力結果を確認してみましょう。SQL8-1はこれまでの復習になるので、まずはSQLの中身を確認します。

　HMLの分類をするためには、ユーザーごとの購入金額が必要です。そのため、SQL8-1では、JOINを使って購入履歴テーブル（orders）と商品情報テーブル（products）を結合し、商品の金額を取得できるようにしています。また、ユーザーごとの購入金額が必要なので、GROUP BY o.user_idでユーザーごとに集計します。購入金額はSUM(p.price) で求めることができます。

　最後に条件として、o.user_id IS NOT NULLでユーザー情報が空でない条件と、o.order_date BETWEEN '2022-01-01' AND '2022-12-31'で年間の購入金額になるように期間の条件を設定します。また、キャンセルのある購入データは含めないため、AND o.is_canceled = 0の条件をつけます。

　これで、ユーザーごとの年間の購入金額を求めることができました。

★ハンズオン～SQLを実行してみよう～

○ SQL8-1

```
SELECT
    o.user_id,
    SUM(p.price) AS total_price
FROM
    orders AS o
    LEFT JOIN products AS p ON o.order_product_id = p.product_id
WHERE
    o.user_id IS NOT NULL
    AND o.order_date BETWEEN '2022-01-01' AND '2022-12-31'
    AND o.is_canceled = 0
GROUP BY
    o.user_id
```

○図8-2：SQL8-1の実行結果

	user_id	total_price
1	A0001	2656543
2	A0002	383998
3	A0003	310873
4	A0004	342607
5	A0005	292499
6	A0006	257238
7	A0007	1421532
8	A0008	1634027
9	A0009	1259300
10	A0010	292087

CASE式を使ったデータの分類

　HML分析ではユーザーごとの購入金額によって、ユーザーを分類する必要があります。このとき、既存のデータから新しいデータへ分類する方法として活用できるのがCASE式です。CASE式を活用することで、SQL8-1で求めたユーザーごとの年間の購入金額をもとに、ユーザーをヘビー、ミドル、ライトに分類できます。

まずは、CASE式の基本構文から学んでいきましょう。CASEで始まり、ENDで終わるのがCASE式です。WHENのあとには条件を設定して、その条件に一致した場合の値をTHENのあとに設定します。CASE式の中では、WHENからTHENは何個でも記述することができます。最後の条件として、ELSEにはWHENからTHENで設定した条件以外に該当する場合の値を設定できます。

○ CASE式の基本構文

```
CASE
    WHEN 条件1 THEN 結果1
    WHEN 条件2 THEN 結果2
    (ELSE 上記以外の条件に該当した場合の結果)
END
```

では、実際にCASE式を使ってHMLの分類をしたSQLを確認します。SQL8-2を実行して、SQL8-1との出力結果の違いも確認してみましょう。

基本的なSQLはSQL8-1もSQL8-2も同じですが、CASE式が追加されているのが大きな違いです。CASEからENDまでの記述で、ユーザーの購入金額からヘビー、ミドル、ライトの3つに分類した新しい値が追加されています。

★ハンズオン～SQLを実行してみよう～
○ SQL8-2

```
SELECT
    o.user_id,
    SUM(p.price) AS total_price,
    CASE
        WHEN SUM(p.price) >= 1000000 THEN 'ヘビー'
        WHEN SUM(p.price) < 1000000 AND SUM(p.price) >= 200000 THEN 'ミドル'
        WHEN SUM(p.price) < 200000 THEN 'ライト'
        ELSE 'その他'
    END AS hml
FROM
    orders AS o
    LEFT JOIN products AS p ON o.order_product_id = p.product_id
WHERE
    o.user_id IS NOT NULL
    AND o.order_date BETWEEN '2022-01-01' AND '2022-12-31'
    AND o.is_canceled = 0
GROUP BY
    o.user_id
```

○図8-3：SQL8-2の実行結果

	user_id	total_price	hml
1	A0001	2656543	ヘビー
2	A0002	383998	ミドル
3	A0003	310873	ミドル
4	A0004	342607	ミドル
5	A0005	292499	ミドル
6	A0006	257238	ミドル
7	A0007	1421532	ヘビー
8	A0008	1634027	ヘビー
9	A0009	1259300	ヘビー
10	A0010	292087	ミドル

　SQL8-2のCASEからENDまでを確認すると、最初の条件として、WHEN SUM(p.price) >= 1000000 THEN 'ヘビー'があります。これは購入金額であるSUM(p.price)が1,000,000円以上の場合を条件にして、そのときの結果をTHENのあとで「ヘビー」と設定しています。

　同じくWHEN SUM(p.price) < 1000000 AND SUM(p.price) >= 200000 THEN 'ミドル'は、購入金額が1,000,000円未満で200,000円以上の場合は「ミドル」、WHEN SUM(p.price) < 200000 THEN 'ライト'は、購入金額が200,000円未満の場合は「ライト」と値を設定しています。

　最後に、ELSE 'その他'としているのはヘビー、ミドル、ライトの条件のどれとも一致しなかった場合に「その他」と設定しています。ただし、今回の場合ではユーザーの購入金額は必ずヘビー、ミドル、ライトの3つのいずれかに分類されるため、ELSEの条件はなくても問題ありません。

　また、CASE式で設定した出力結果にASでhmlという別名をつけています。これはSELECT文のときに解説したASを使って、出力結果テーブルのカラムに別名をつけるいう方法を活用しています。今回のようにCASE式を使うときも、ASを使って別名をつけることができます。ASを活用することで、CASE

式でどんな処理をして何を求めているのかわかりやすくなります。

○SQL8-2で使われているCASE式

```
CASE
    WHEN SUM(p.price) >= 1000000 THEN 'ヘビー'
    WHEN SUM(p.price) < 1000000 AND SUM(p.price) >= 200000 THEN 'ミドル'
    WHEN SUM(p.price) < 200000 THEN 'ライト'
    ELSE 'その他'
END AS hml
```

　このように、CASE式を使うことで条件に合わせて特定の値を設定できます。ユーザーごとの購入金額に応じてHMLに分類する場合など、データ分析では既存のデータから新しい値を設定する場合に、CASE式が活用されることが多いです。

CASE式の注意点

　CASE式を使う場合には、条件を記述する順番に注意する必要があります。CASE式の条件は記述した上から順番に評価され、条件に一致した場合はそのあとの条件はスキップされます。

　この考え方を使って、SQL8-2のCASE式は次のように書き換えることができます。SQL8-2との違いは、2つめの条件がWHEN SUM(p.price) < 1000000 AND SUM(p.price) >= 200000 THEN 'ミドル'からWHEN SUM(p.price) >= 200000 THEN 'ミドル'に変わっていることです。どちらの条件でも結果は同じになります。

○SQL8-2で使われているCASE式の書き換え

```
CASE
    WHEN SUM(p.price) >= 1000000 THEN 'ヘビー'
    WHEN SUM(p.price) >= 200000 THEN 'ミドル'
    WHEN SUM(p.price) < 200000 THEN 'ライト'
    ELSE 'その他'
END AS hml
```

171

　CASE式は、複数条件が記載されている場合に上から順番に処理が実行され、条件に一致した場合、そのあとの条件はスキップされます。つまり、1つ目の条件であるSUM(p.price) >= 1000000に一致しない場合のみ、次の条件であるSUM(p.price) >= 200000の条件に続きます。したがって、もともと記述していたSUM(p.price) < 1000000の条件はあってもなくても結果は同じになります。

　ここで注意が必要なのが、CASE式の順番を変えると結果も変わる可能性があるということです。HMLに分類をするSQLで、CASE式の条件の順番を変えるとどうなるか、SQL8-3を実行して出力結果を確認してみましょう。

　SQL8-2とSQL8-3はどちらもHMLの分類をするSQLです。CASE式にある条件の順番を変えただけで、他の条件は変わっていません。違いはCASE式の条件であるミドルとヘビーの順番が変わっていることです。このようにCASE式で条件の順番を変えると結果が変わってしまいます。実際にSQL8-3を実行すると、SQL8-2と結果が異なり、出力結果にヘビーが出力されていないのがわかります。

★ハンズオン〜SQLを実行してみよう〜
○SQL8-3

```
SELECT
    o.user_id,
    SUM(p.price) AS total_price,
    CASE
        WHEN SUM(p.price) >= 200000 THEN 'ミドル'
        WHEN SUM(p.price) >= 1000000 THEN 'ヘビー'
        WHEN SUM(p.price) < 200000 THEN 'ライト'
        ELSE 'その他'
    END AS hml
FROM
    orders AS o
    LEFT JOIN products AS p ON o.order_product_id = p.product_id
WHERE
    o.user_id IS NOT NULL
    AND o.order_date BETWEEN '2022-01-01' AND '2022-12-31'
    AND o.is_canceled = 0
GROUP BY
    o.user_id
```

○図8-4：SQL8-3の実行結果

	user_id	total_price	hml
1	A0001	2656543	ミドル
2	A0002	383998	ミドル
3	A0003	310873	ミドル
4	A0004	342607	ミドル
5	A0005	292499	ミドル
6	A0006	257238	ミドル
7	A0007	1421532	ミドル
8	A0008	1634027	ミドル
9	A0009	1259300	ミドル
10	A0010	292087	ミドル

　CASE式の処理を確認すると、最初に書かれているSUM(p.price) >= 200000が処理されます。その条件に一致しない場合は、次に書かれているSUM(p.price) >= 1000000の条件に続きます。そうすると、例えば合計金額が120万円だったとき、最初の条件であるSUM(p.price) >= 200000にも一致します。つまり、この順番で条件を記述すると、合計金額が100万円以上のヘビーであっても、最初の条件であるミドルと判定されてしまいます。そのため、出力結果にヘビーが出力されず、ミドルかライトのみになってしまい、本来のHMLの値とは異なる結果になってしまいます。

　このように、CASE式を使って複数の条件を使うときは、最初に記述した条件から順番に処理が実行されるということに注意しないと、意図した結果にならない場合があります。間違えないためには、厳しい条件から順番に記述して、徐々に緩い条件を記述するように意識しましょう。

集約関数とCASE式を組み合わせる

別々の条件でデータを取得する場合

　CASE式は条件に一致した新しい値を設定することができるため、データ分析では集約関数と合わせて使うことがあります。例えば、購入履歴テーブルから商品情報のカテゴリが「食品」の購入件数と、「水」の購入件数を同時に求めたい場合に、どうすればよいか考えてみましょう。

　複数の条件で同時に求めるのが難しい場合は、別々のデータとして集計できるか考えてみます。まずは正確なカテゴリ情報を把握するために、SQL8-4を実行して出力結果を確認してみましょう。SQL8-4では、重複を排除するDISTINCTを使って、カテゴリ情報にどんな値が入っているのか確認しています。そうすると、large_categoryに「食品」、small_categoryに「水」というデータが入っているのが確認できます。

★ハンズオン〜SQLを実行してみよう〜
○SQL8-4

```
SELECT DISTINCT
    large_category,
    medium_category,
    small_category
FROM
    products
```

○図8-5：SQL8-4の実行結果

	large_category	medium_category	small_category
1	食品	飲料水	水
2	食品	麺	パスタ
3	食品	野菜	きゅうり
4	食品	野菜	トマト
5	日用品	文房具	筆記用具
6	日用品	文房具	ノート
7	日用品	美容	ヘアケア
8	日用品	美容	ボディケア
9	日用品	美容	スキンケア
10	日用品	キッチン	キッチン家電

　この情報をもとに、食品の購入件数と水の購入件数をそれぞれ取得してみます。SQL8-5、SQL8-6を実行して、出力結果を確認してみましょう。SQL8-5とSQL8-6はWHEREの条件が違うだけでそれ以外は同じSQLになっています。

　まずは購入件数を確認したいので、購入履歴テーブル（orders）からデータを取得しています。また、カテゴリの情報は購入履歴テーブルには入っていないので、商品情報テーブル（products）と結合しています。結合には左外部結合を使っていますが、内部結合を使っても同じ結果になるため、今回はどちらでも問題ありません。

　あとは求めたい条件をつけ、集約関数を使って購入件数を集計します。SQL8-5ではp.large_category = '食品'、SQL8-6ではp.small_category = '水'とそれぞれWHEREの中で条件を設定しています。そして、購入件数の集計には集約関数を使って、COUNT(DISTINCT o.order_id)で求めることができます。

　ちなみに、本書のデータでは購入ID（order_id）は重複していないので、DISTINCTがあってもなくても結果は同じです。今回は万が一購入IDに重複

があったとしても、それは同じ1件の購入として集計できるようにDISTINCT
をつけています。

★ハンズオン〜SQLを実行してみよう〜

○SQL8-5

```
SELECT
    COUNT(DISTINCT o.order_id) AS order_count
FROM
    orders AS o
    LEFT JOIN products AS p ON o.order_product_id = p.product_id
WHERE
    p.large_category = '食品'
```

○図8-6：SQL8-5の実行結果

	order_count
1	13827

○SQL8-6

```
SELECT
    COUNT(DISTINCT o.order_id) AS order_count
FROM
    orders AS o
    LEFT JOIN products AS p ON o.order_product_id = p.product_id
WHERE
    p.small_category = '水'
```

○図8-7：SQL8-6の実行結果

	order_count
1	7072

　このように、違う条件でデータを求める場合は、WHEREの条件を変更して2
回SQLを実行することで集計ができます。

CASE式を活用した効率的なデータ取得方法

別々の条件でデータを取得する場合、条件を変えて2回SQLを実行するのは効率が悪いです。なぜなら、SQLを2回実行することで手間もかかりますし、前述したSQL8-5とSQL8-6の違いはWHEREの条件だけで、あとはまったく同じSQLだからです。このように、別々の条件でデータを取得する場合、効率的に集計する方法が集約関数とCASE式を組み合わせたデータ集計です。

SQL8-5、SQL8-6と同じようにカテゴリが「食品」の購入件数と、「水」の購入件数を同時に求めたい場合、CASE式を使って1つのSQLにまとめることができます。SQL8-7を実行して、出力結果を確認してみましょう。

SQL8-7を見ると複雑なSQLに感じるかもしれませんが、少しずつ解説します。まず、基本的なSQLはSQL8-5やSQL8-6とほとんど変わっていません。購入履歴テーブルと商品情報テーブルを結合させて、購入IDを集計することで、購入件数を求めています。

★ハンズオン〜SQLを実行してみよう〜

○SQL8-7

```
SELECT
    COUNT(DISTINCT CASE WHEN p.large_category = '食品' THEN o.order_id ELSE
NULL END) AS '食品',
    COUNT(DISTINCT CASE WHEN p.small_category = '水' THEN o.order_id ELSE
NULL END) AS '水'
FROM
    orders AS o
    LEFT JOIN products AS p ON o.order_product_id = p.product_id
```

○図8-8：SQL8-7の実行結果

	食品	水
1	13827	7072

SQL8-7はSELECTのあとに記述されている集約関数とCASE式が複雑で

177

すが、SQL8-7を次のようなSQLだと思うと理解しやすいかもしれません。

○SQL8-7のイメージ

```
SELECT
    COUNT(DISTINCT CASE式) AS '食品',
    COUNT(DISTINCT CASE式) AS '水'
FROM
    orders AS o
    LEFT JOIN products AS p ON o.order_product_id = p.product_id
```

SQL8-7で今までと違うところは、集約関数のCOUNTの中にCASE式が入っていることです。CASE式は条件を設定して、条件に一致する値を設定できます。それを応用して、集約関数とCASE式を組み合わせることで、異なる条件をまとめて1回のSQLで集計できます。

SQL8-7の集約関数の中で使われているCASE式を確認しましょう。CASE式の中を見ると、WHEN p.large_category = '食品'となっているので、大カテゴリが食品という条件が設定されています。そのあとはTHEN order_id ELSE NULL ENDとなっているため、これは大カテゴリが食品の場合はorder_idが出力され、それ以外の場合はNULLが出力されるということです。つまり、このCASE式の中ではorder_idかNULLのどちらかが出力されるようになっています。そして、CASE式の前にDISTINCTがついてるため、order_idに重複があった場合は、重複が排除されます。また、NULLの場合は、集約関数の集計対象から外されます。そのため、今回の場合は大カテゴリが食品の場合だけ、購入件数が集計されることになります。

○SQL8-7で使われているCASE式①

```
CASE
    WHEN p.large_category = '食品' THEN order_id
    ELSE NULL
END
```

同様に、カテゴリが水の購入件数も求めることができます。食品の購入件数を出力するSQLとの違いは、CASE式の条件がp.small_category = '水'

となっている部分です。この場合は、小カテゴリが水という条件が設定されているため、小カテゴリが水の場合だけ`order_id`が出力され、それを`COUNT`で集計し、購入件数を求めています。

○SQL8-7で使われているCASE式②

```
CASE
    WHEN p.small_category = '水' THEN order_id
    ELSE NULL
END
```

また、集約関数の最後には`AS`を使って、別名で集計結果を取得しています。SQL8-7では、カテゴリが食品の場合の購入件数と水の場合の購入件数をそれぞれ集計しているため、どちらがどんな集計結果になっているかわかりやすいように、`AS`を使って「食品」と「水」という別名をつけて、出力結果のカラムをわかりやすくしています。

このように、集約関数とCASE式を使うことで、複数の条件でも1つのSQLを実行するだけで集計結果を求めることができます。データ集計では、条件を一部変えてデータを取得することはよくあるため、今回のように集約関数とCASE式を組み合わせる手法を覚えておくと非常に便利です。

第8章

○図8-9：集約関数とCASE式を組み合わせたイメージ

```
SELECT
   COUNT(DISTINCT CASE式) AS '食品',
   COUNT(DISTINCT CASE式) AS '水'
FROM
   orders AS o
   LEFT JOIN products AS p ON o.order_product_id = p.product_id
- - - - - - - - - - - - - - - - - - - - - - - - - - - - - - - - - - - - - - - - - - - - - - - - -
CASE
  WHEN p.category1 = '食品' THEN order_id
  ELSE NULL
END
```

UNIONを使って複数の条件をまとめて取得する場合との違い

　SQL8-7の出力結果を確認すると、食品と水の購入件数が横に出力されています。これはSELECT文の中で集約関数とCASE式を使って2つの集計結果を出力しているため、2つのデータが横に出力されたということです。

　横持ちのデータを変換し、データを縦に結合して取得する方法は、第7章の「複数のテーブルを「縦」に結合するUNION」で解説しました。例えば、食品の購入件数と水の購入件数を縦に出力したい場合は、UNIONを使って同じように1回のSQLで求めることができます。

○図8-10：UNION と CASE 式の違い

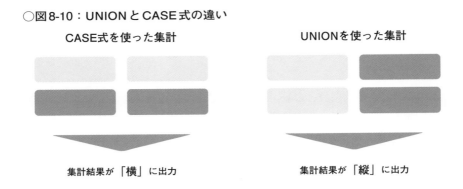

CASE式を使った集計	UNIONを使った集計
集計結果が「横」に出力	集計結果が「縦」に出力

　SQL8-8を実行して、集約関数とCASE式を合わせたときの出力結果の違いを確認してみましょう。SQL8-8は、SQL8-5とSQL8-6をUNION ALLで結合したSQLです。SQL8-8の出力結果には重複行がないため、UNION ALLを使ってもUNIONを使っても、どちらも同じ結果になります。このように、食品の購入件数と水の購入件数を同時に集計したいときは、UNION ALLを使った場合と、CASE式を使った場合、どちらでも求めることができます。

　大きな違いは、結果が横持ちで出力されるか、縦持ちで出力されるかです。UNIONで結合する場合は、データが縦に結合されますが、CASE式を使う場合は、SELECTのあとにカラムとして出力するため、横持ちで結果が出力されま

す。したがって、縦持ちで結果を求めたい場合にはUNIONを使って、横持ちで結果を求めたい場合にはCASE式を使うのがよいでしょう。

ただし、UNIONを使う場合は、同じSQLを2回実行しているのに近く、SQLの重複がある分非効率であることに変わりありません。そのため、今回の場合はCASE式を使って集計できたほうがより効率的です。

★ハンズオン～SQLを実行してみよう～

○ SQL8-8

```
SELECT
    '食品' as data_key,
    COUNT(DISTINCT o.order_id) as data_value
FROM
    orders AS o
    LEFT JOIN products AS p ON o.order_product_id = p.product_id
WHERE
    p.large_category = '食品'

UNION ALL

SELECT
    '水' as data_key,
    COUNT(DISTINCT o.order_id) as data_value
FROM
    orders AS o
    LEFT JOIN products AS p ON o.order_product_id = p.product_id
WHERE
    p.small_category = '水'
```

第8章

○図8-11：SQL8-8の実行結果

	data_key	data_value
1	食品	13827
2	水	7072

データ分析における
「CASE式」の考え方

　CASE式を使うと、複数の条件に合わせてデータを分類できます。CASE式を活用することで、もともとのテーブルにない新しい情報を追加したり、集約関数と合わせて、複数の条件をまとめて1回のSQLで取得できます。データ分析においては、図8-12のように、既存のテーブルからデータを「横」に追加して出力結果を求めることがCASE式で重要な考え方です。なので、新し値（カラム）を追加したい場合や、データを横に持ちたい場合などは、CASE式をうまく活用していきましょう。

○図8-12：CASE式の考え方

購入履歴テーブル

order_id	user_id	order_product_id	order_date
C000001	A0001	B022	2022-02-25
C000002	A0002	B024	2022-04-26
C000003	A0003	B002	2022-10-13
・・・	・・・	・・・	・・・

出力結果テーブル

order_id	user_id	order_product_id	order_date	hml
C000001	A0001	B022	2022-02-25	ヘビー
C000002	A0002	B024	2022-04-26	ミドル
C000003	A0003	B002	2022-10-13	ライト
・・・	・・・	・・・	・・・	・・・

演 習 問 題

問8-1

次の条件に従い、2022年の年間の購入件数に応じてユーザーをHML（ヘビー、ミドル、ライト）に分類して、ユーザー ID、購入件数、HMLの3つを出力してください。また、このときユーザー情報が空のデータとキャンセルのある購入データは除外してください。

- ヘビー：年間の購入件数が500件以上
- ミドル：年間の購入件数が300件以上、500件未満
- ライト：年間の購入件数が300件未満

問8-2

集約関数とCASE式を使って購入履歴テーブル（orders）から男性の購入件数、女性の購入件数、全体の購入件数の3つを同時に出力してください。

解答8-1

解答例

```
SELECT
    user_id,
    COUNT(DISTINCT order_id) AS order_count,
    CASE
        WHEN COUNT(DISTINCT order_id) >= 500 THEN 'ヘビー'
        WHEN COUNT(DISTINCT order_id) >= 300 THEN 'ミドル'
        ELSE 'ライト'
    END AS hml
FROM
    orders
WHERE
    user_id IS NOT NULL
    AND order_date BETWEEN '2022-01-01' AND '2022-12-31'
    AND is_canceled = 0
GROUP BY
    user_id
```

実行結果

	user_id	order_count	hml
1	A0001	521	ヘビー
2	A0002	59	ライト
3	A0003	54	ライト
4	A0004	81	ライト
5	A0005	44	ライト
6	A0006	43	ライト
7	A0007	272	ライト
8	A0008	282	ライト
9	A0009	281	ライト
10	A0010	57	ライト

解説

　まずはユーザーごとの購入件数を集計する必要があるので、購入履歴テーブル（orders）からGROUP BY user_idでユーザーごとの集計を行います。購入件数は購入ID（order_id）の重複を排除して集計すればよいので、COUNT(DISTINCT order_id)で求めることができます。この場合、購入履歴テーブルにある情報だけで購入件数は取得できるので、他のテーブルと結

合する必要はありません。`WHERE`の条件には`user_id IS NOT NULL`を入れてユーザー情報が空の場合は除外します。また、期間を2022年の1年間にするため、`order_date BETWEEN '2022-01-01' AND '2022-12-31'`を入れて期間を指定します。最後に、キャンセルのある購入データは除外するため、`is_canceled = 0`の条件をつけています。

　ヘビー、ミドル、ライトの判定は`CASE`から`END`までに3つの条件を入れてHMLの値を設定します。最初の条件として`WHEN COUNT(DISTINCT order_id) >= 500 THEN 'ヘビー'`とすることで、購入件数が500件以上の場合はヘビーとします。次に、`WHEN COUNT(DISTINCT order_id) >= 300 THEN 'ミドル'`とすることで、購入件数が300件以上の場合はミドルとします。この条件は、上に書いてある購入件数が500件以上であるという条件を満たさない場合のみ処理されるため、内部的には300件以上500件未満という条件と同じです。最後に、`ELSE 'ライト'`とすることで、購入件数が300件未満の場合はライトとします。

　このとき、明示的に`WHEN COUNT(DISTINCT order_id) < 300 THEN 'ライト'`としてもよいですが、直前の条件で購入件数が300件以上という条件がついているため、その条件に一致しない場合はライト（`ELSE 'ライト'`）とすることで、よりシンプルに`CASE`式の条件を書くことができます。

解答8-2

解答例

```
SELECT
    COUNT(DISTINCT o.order_id) AS '全体',
    COUNT(DISTINCT CASE WHEN u.gender = '男性' THEN o.order_id ELSE NULL
END) AS '男性',
    COUNT(DISTINCT CASE WHEN u.gender = '女性' THEN o.order_id ELSE NULL
END) AS '女性'
FROM
    orders AS o
    LEFT JOIN users AS u ON o.user_id = u.user_id
```

実行結果

	全体	男性	女性
1	100000	27616	71101

解説

　まず、男性と女性の購入件数を取得するためには、性別の情報が必要になるので、購入履歴テーブル（orders）と顧客情報テーブル（users）を結合します。今回の場合は、外部結合でも内部結合でもどちらでも同じ結果ですが、ここでは左外部結合（LEFT JOIN）を使って結合しています。また、結合するときのカラムとしては、ユーザーID（user_id）を使います。

　全体の購入件数を求める場合は、COUNT(DISTINCT o.order_id)を使って購入IDの重複を排除して、件数を集計します。男性の購入件数を求めたい場合は、集約関数とCASE式を活用してCOUNT(DISTINCT CASE WHEN u.gender = '男性' THEN o.order_id ELSE NULL END) as '男性'とします。COUNTの中でCASE式を使っており、性別が男性の場合は購入IDを出力し、それ以外はNULLを出力する条件式となっています。NULLの場合、集約関数で集計するときに対象から外れます。そのため、男性の購入件数を求めることができます。

　また、集約関数のあとにAS '男性'とすることで、集計結果に「男性」と別名をつけています。同様に、COUNT(DISTINCT CASE WHEN u.gender

= '女性' THEN o.order_id ELSE NULL END) as '女性'とすること
で、女性の購入件数を求めることができます。

　ちなみに、今回のように男性と女性で条件が2つあり、どちらも同じカラム
（gender）で判定ができる場合は、GROUP BYを使って集計することも可能
です。

◯GROUP BYを使った集計

```
SELECT
    u.gender,
    COUNT(DISTINCT o.order_id) AS order_count
FROM
    orders AS o
    LEFT JOIN users AS u ON o.user_id = u.user_id
GROUP BY
    u.gender
```

◯GROUP BYを使った集計結果

	gender	order_count
1	*NULL*	47
2	その他	1236
3	女性	71101
4	男性	27616

　GROUP BY u.genderで性別ごとにデータをまとめ、集約関数を使って購
入件数を出力することができます。この結果とCASE式を使った場合の違い
は、まず結果が縦持ちになっているか横持ちになっているかです。CASE式を
使うと横持ちになりますが、GROUP BYを使って集計した場合は、結果が縦に
出力されます。もう1つの違いとしては、GROUP BYを使った集計では、全体
の購入件数を同時に求めることができません。GROUP BYで性別による集計を
行っているため、あくまで出力されるのは性別ごとの購入件数のみです。なの
で、今回のように全体の購入件数と男性・女性の購入件数をまとめて出力した
い場合は、集約関数とCASE式を使ったほうが、1回のSQLでほしい結果を求
めることができます。

第
8
章

第 9 章

複数のクエリを
組み合わせる
～ サブクエリ / WITH ～

データ分析では、複雑な集計もときには必要です。データを取得
する条件が複雑になると、複数のクエリを組み合わせる必要があり
ます。
本章では、そんな複数のクエリを組み合わせて、複雑な条件でデー
タを取得する方法について学んでいきましょう。

複数のクエリを組み合わせる サブクエリ

サブクエリとは

　SQLはテーブルに格納されたデータを取得するときに使う言語で、実行すると、結果として新しいテーブルが出力されます。出力結果が行と列で構成されるテーブルになっているということは、その出力結果テーブルに対して、さらにSQLを実行することができます。このように、SQLの結果に対して、さらにSQLを書くことをサブクエリといいます。「サブ」とついているように、メインのSQLがある中で、補助的に使われるSQLなので、サブクエリと呼ばれています。サブクエリのことを日本語では副問合せとも呼びます。

サブクエリの活用方法

　サブクエリの活用方法を理解するために、第8章で解説した購入金額に応じてユーザーをヘビー、ミドル、ライトの3つに分類するSQLを考えてみましょう。

　まずは、復習のためにSQL9-1を実行して出力結果を確認してみましょう。SQL9-1は、CASE式を使って年間の購入金額ごとにヘビー、ミドル、ライトの3つにユーザーを分類したSQLです。これによって、ユーザーがヘビー、ミドル、ライトのどれに該当するのか確認することができます。

★ハンズオン〜 SQL を実行してみよう〜

○ SQL9-1

```
SELECT
    o.user_id,
    SUM(p.price) AS total_price,
    CASE
        WHEN SUM(p.price) >= 1000000 THEN 'ヘビー'
        WHEN SUM(p.price) >= 200000 THEN 'ミドル'
        ELSE 'ライト'
    END AS hml
FROM
    orders o
    LEFT JOIN products p ON o.order_product_id = p.product_id
WHERE
    o.user_id IS NOT NULL
    AND o.order_date BETWEEN '2022-01-01' AND '2022-12-31'
    AND o.is_canceled = 0
GROUP BY
    o.user_id
```

○図9-1：SQL9-1の実行結果

	user_id	total_price	hml
1	A0001	2656543	ヘビー
2	A0002	383998	ミドル
3	A0003	310873	ミドル
4	A0004	342607	ミドル
5	A0005	292499	ミドル
6	A0006	257238	ミドル
7	A0007	1421532	ヘビー
8	A0008	1634027	ヘビー
9	A0009	1259300	ヘビー
10	A0010	292087	ミドル

第9章

　では、ここからヘビー、ミドル、ライトのユーザーがそれぞれ何人いるのか確認したい場合は、どうすればよいか考えてみましょう。SQL9-1の実行結果には、ユーザーID（user_id）、合計金額（total_price）、HMLの分類（hml）の3つのカラムが出力されています。これを1つのテーブルだと考えると、集約関数とGROUP BYを使ってヘビー、ミドル、ライトの人数が集計できそうです。

　実際にサブクエリを使った方法がSQL9-2になります。まずは、SQL9-2を実行して出力結果を確認してみましょう。SQL9-2では、FROMの直後に指定しているのが通常のテーブルではなく、SELECTで集計した結果なのが重要なポイントです。SQL9-2のFROMの直後のSELECTを見ると、SQL9-1とまったく同じSQLが記述されています。つまり、これは購入ユーザーをヘビー、ミドル、ライトの3つに分類したSQLの結果に対してさらにSQLを記述しているということです。

★ハンズオン〜SQLを実行してみよう〜

○SQL9-2

```
SELECT
    hml,
    COUNT(DISTINCT user_id) AS uu
FROM
    (
        SELECT
            o.user_id,
            SUM(p.price) AS total_price,
            CASE
                WHEN SUM(p.price) >= 1000000 THEN 'ヘビー'
                WHEN SUM(p.price) >= 200000 THEN 'ミドル'
                ELSE 'ライト'
            END AS hml
        FROM
            orders AS o
            LEFT JOIN products AS p ON o.order_product_id = p.product_id
        WHERE
            o.user_id IS NOT NULL
            AND o.order_date BETWEEN '2022-01-01' AND '2022-12-31'
            AND o.is_canceled = 0
        GROUP BY
            o.user_id
    ) AS t
GROUP BY
    hml
```

○図9-2：SQL9-2の実行結果

	hml	uu
1	ヘビー	245
2	ミドル	259
3	ライト	32

また、FROMの直後でサブクエリを使う場合には、SQL9-2のようにAS t と、SELECTした結果にASで別名をつけています。データベースによっては、FROMの直後でサブクエリを使うときにASで別名をつけないとエラーになることもあるので気をつけましょう。本書で扱うSQLiteには、サブクエリの結果に別名をつけなくても問題ないので、以降はASによる別名は省略します。

○図9-3：サブクエリの結果に別名をつける

```
SELECT
  hml,
  COUNT(DISTINCT user_id) AS uu
FROM
  (
    SELECT
      o.user_id,
      SUM(p.price) AS total_price,
      CASE
        WHEN SUM(p.price) >= 1000000 THEN 'ヘビー'
        WHEN SUM(p.price) >= 200000 THEN 'ミドル'
        ELSE 'ライト'
      END AS hml
    FROM
      orders AS o
      LEFT JOIN products AS p ON o.order_product_id = p.product_id
    WHERE
      o.user_id IS NOT NULL
      AND o.order_date BETWEEN '2022-01-01' AND '2022-12-31'
      AND o.is_canceled = 0
    GROUP BY
      o.user_id
  ) AS t                    ━━━▶ サブクエリの結果に別名をつける
GROUP BY
  hml
```

第9章

SQL9-2のようなサブクエリを使ったSQLを確認すると複雑に見えますが、次のようなSQLだと考えるとシンプルになります。FROMのあとに指定しているテーブルが、通常のテーブルではなくヘビー、ミドル、ライトの3つに分類

した集計結果テーブルになっています。あとはGROUP　BYを使ってhmlでグ
ルーピングし、集約関数のCOUNTを使ってユーザーID（user_id）の重複
を排除することで、ヘビー、ミドル、ライトの人数を集計できます。

○SQL9-2の全体像

```
SELECT
    hml,
    COUNT(DISTINCT user_id) AS uu
FROM
    集計結果テーブル
GROUP BY
    hml
```

　このように、サブクエリを使うと複雑な条件であっても、複数のSQLを組み
合わせてデータを集計できます。SELECTの中でさらにSELECTが書かれてい
たら、サブクエリが使われていると理解しましょう。複雑な集計になると、1
つのSQLの中でサブクエリを何個も使うこともありますが、今回のように
SQLを分解して考えることで、どんな集計をしているのかわかりやすくなりま
す。

○図9-4：サブクエリ活用のイメージ

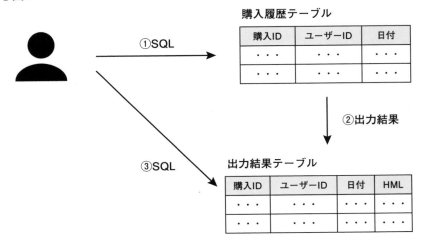

条件式の中で使うサブクエリ

データ分析において、サブクエリを活用する場面は他にもあります。それは条件式でデータを絞り込むときです。例えば、「トートバッグ」を買った人が他にどんな商品を買ってるか知りたい場合に、どのようなSQLを書けばよいか考えてみましょう。

まずは、SQL9-3を実行して、購入履歴テーブルからユーザーがどんな商品を購入したか確認してみましょう。購入履歴テーブル（orders）と商品情報テーブル（products）を結合させて、必要な情報を取得しています。購入履歴テーブルは件数が多いので、データを確認するためにLIMITをつけて、出力件数を絞っています。

★ハンズオン～SQLを実行してみよう～

○SQL9-3

```
SELECT
    o.user_id,
    p.product_id,
    p.name,
    p.price
FROM
    orders AS o
    LEFT JOIN products AS p ON o.order_product_id = p.product_id
LIMIT 10
```

第9章

○図9-5：SQL9-3の実行結果

	user_id	product_id	name	price
1	A0805	B057	美顔器	23000
2	A0544	B050	トートバッグ	30000
3	A0084	B023	化粧水	10000
4	A0285	B036	コースター 5枚セット	800
5	A0696	B038	食器セット	4400
6	A0970	B028	炊飯器	12000
7	A0337	B018	コンディショナー 340ml	700
8	A0438	B005	きゅうり 3本入り	159
9	A0125	B025	ナイトクリーム	15000
10	A0339	B036	コースター 5枚セット	800

　では、ここからトートバッグを買ってる人が他にどんな商品を買っているか確認するためには、どうすればよいでしょうか。特定の条件でデータを取得するWHEREを使って、SQL9-3にWHERE user_id IN（トートバッグを購入したユーザー ID）という条件を設定すれば、必要なデータが集計できそうです。INは、第5章の「特定の条件をつけてデータを取得する」で解説したWHEREの中で使える条件指定の1つです。INの中では複数の値を設定して、いずれかの値に該当する条件でデータを取得できます。

　今回はこの考え方を応用し、サブクエリを使ってデータを取得します。条件式の中でサブクエリを活用したSQLがSQL9-4になります。まずは、SQL9-4を実行してどんな出力結果になるか確認してみましょう。SQL9-4では、WHERE o.user_id IN（トートバッグを購入したユーザー ID）のINの中でさらにSELECT文が使われています。つまり、SQL9-4ではサブクエリが使われており、サブクエリの中は、トートバッグを購入したユーザー IDが出力されるSQLになっています。それによって、INの中で出力されたユーザー IDに一致するユーザーの購入履歴を出力することができます。条件でトートバッグを購入したユーザー IDを指定しているので、SQL9-4では、そのユーザーが購入したトートバッグ以外の商品情報も取得することができます。

★ハンズオン〜SQLを実行してみよう〜

○SQL9-4

```
SELECT
    o.user_id,
    p.product_id,
    p.name,
    p.price
FROM
    orders AS o
    LEFT JOIN products AS p ON o.order_product_id = p.product_id
WHERE
    o.user_id IN (
        SELECT DISTINCT
            o2.user_id
        FROM
            orders AS o2
            LEFT JOIN products AS p2 ON o2.order_product_id = p2.product_
id
        WHERE
            p2.name = 'トートバッグ'
            AND o2.user_id IS NOT NULL
    )
LIMIT 10
```

○図9-6：SQL9-4の実行結果

	user_id	product_id	name	price
1	A0544	B050	トートバッグ	30000
2	A0285	B036	コースター 5枚セット	800
3	A0696	B038	食器セット	4400
4	A0970	B028	炊飯器	12000
5	A0337	B018	コンディショナー 340ml	700
6	A0438	B005	きゅうり 3本入り	159
7	A0125	B025	ナイトクリーム	15000
8	A0339	B036	コースター 5枚セット	800
9	A0946	B023	化粧水	10000
10	A0481	B046	ワンピース	4000

第9章

　SQL9-4を確認すると複雑なSQLに見えるので、INの中で使われている SQLだけ切り取って中身を確認してみます。SQL9-5を実行して、出力結果を 確認してみましょう。SQL9-5は購入履歴テーブルと商品情報テーブルを結合 して、重複排除（DISTINCT）でユーザーIDを出力しているSQLです。トー

トバッグを購入しているという条件をつけるために、WHEREの中でp2.name = 'トートバッグ'と指定しています。また、AND o2.user_id IS NOT NULLの条件をつけて、ユーザーIDがNULLの場合を除外しています。これでトートバッグを購入したユーザーIDが出力されます。

★ハンズオン〜SQLを実行してみよう〜

○SQL9-5

```
SELECT DISTINCT
    user_id
FROM
    orders AS o2
    LEFT JOIN products AS p2 ON o2.order_product_id = p2.product_id
WHERE
    p2.name = 'トートバッグ'
    AND o2.user_id IS NOT NULL
```

○図9-7：SQL9-5の実行結果

	user_id
1	A0001
2	A0004
3	A0005
4	A0007
5	A0008
6	A0009
7	A0014
8	A0018
9	A0019
10	A0020

　SQL9-5で出力されたユーザーIDをSQL9-4のようにINの中の条件に入れることで、トートバッグを購入したユーザーに限定して購入データを確認することができます。このように、サブクエリを使って条件式でデータを絞り込むことで、複雑な条件でもデータ集計ができます。

SQL9-4のようにサブクエリを使った条件の絞り込みは、複雑なSQLに見えます。その場合は、SQL9-4を図9-8のようなSQLだと思うと理解しやすいかもしれません。ユーザーごとの購入履歴のデータを取得するSQL9-3に、条件式として`WHERE o.user_id IN`（トートバッグを購入したユーザーID）が追加されただけです。今回は、このINの中で使われている「トートバッグを購入したユーザーID」をさらにSQLを使って取得していることになります。

○図9-8：条件式の中で使うサブクエリのイメージ

```
SELECT
    o.user_id,
    p.product_id,
    p.name,
    p.price
FROM
    orders AS o
    LEFT JOIN products AS p ON o.order_product_id = p.product_id
WHERE
    o.user_id IN ( トートバッグを購入したユーザーID)
LIMIT 10


SELECT DISTINCT
    user_id
FROM
    orders AS o2
    LEFT JOIN products AS p2 ON o2.order_product_id = p2.product_id
WHERE
    p2.name = 'トートバッグ'
    AND o2.user_id IS NOT NULL
```

また、条件式でサブクエリを使うときには注意点があります。SQL9-4では、もとのSQLでも購入履歴テーブル（orders）と商品情報テーブル（products）からデータを取得しており、サブクエリの中でも購入履歴テーブルと商品情報テーブルからデータを取得しています。1つのSQLの中で同じテーブルからデータを取得する場合は、それぞれ別々のデータであることを明示するために、もとのSQLでは`orders AS o`、サブクエリでは`orders AS o2`とASで違う名前をつけていますので、ご注意ください。

○図9-9：テーブル名に別名をつける

```
SELECT
    o.user_id,
    p.product_id,
    p.name,
    p.price
FROM
    orders AS o
    LEFT JOIN products AS p ON o.order_product_id = p.product_id
WHERE
    o.user_id IN (
        SELECT DISTINCT
            o2.user_id
        FROM
            orders AS o2
            LEFT JOIN products AS p2 ON o2.order_product_id = p2.product_id
        WHERE
            p2.name = 'トートバッグ'
            AND o2.user_id IS NOT NULL
    )
LIMIT 10
```

同じテーブルを参照しているため
それぞれ別の名前をつける

　このように、条件式の中でサブクエリを使うことで、複雑な条件でもデータを取得することができます。条件式のINの中でサブクエリを使う方法は、データ集計でもよく使います。もし条件式の中でサブクエリが使われていて、SQLが複雑だと感じたら、一度SQLを分解して考えてみましょう。

一時テーブル作成のWITH句

SQLで重要な可読性

　サブクエリを使うと、複雑な条件でもデータを集計できるというメリットがあります。一方で、サブクエリを使うデメリットとして、SQLが複雑に見えてしまう点があります。サブクエリが含まれているSQLを見ると、どんな集計をしているのか直感的に理解するのは非常に難しいです。SQLを理解するには、サブクエリの解説をしたときのように、サブクエリとメインのクエリを分割して1つずつ読み解いていく必要があります。

　データ分析では、SQLの可読性は重要です。なぜなら、データ分析でSQLを使う場合、まったくのゼロベースでSQLを考えることは案外少ないからです。実際のデータ分析では、過去に自分が使ったSQLや、他の人が書いたSQLを参考にしながら、条件を変えてデータを集計することが多いです。そうなったときに、自分が過去に書いたSQLや、他の人が書いたSQLを読み解く必要があります。自分が書いたSQLであれば理解できると思われるかもしれませんが、時間が経つとどんな意図でSQLを書いたのか忘れてしまうことがあります。ましてや、他の人が書いたSQLを読み解くのはさらに難しいです。

　つまり、SQLを書くときは、あとから自分で見直しても理解しやすいようにする、あるいは他の人が見たときも、どんなデータ集計をしているのかわかりやすくするという考え方が重要です。

WITH句を使って可読性を高める

　SQLには可読性を高める手法として、クエリを分割して整理する構文があります。それがWITH句です。WITH句はSQLの中で一時的なテーブルを作成できる機能です。このWITH句を使って、一時テーブルを作成することで、SQLで複雑な処理を行うときでも可読性を高めることができます。特に、サブクエ

リを使ったSQLに関しては、WITH句を使って書き換えることで、可読性が高くなります。

　まずは、WITH句の基本構文から確認しましょう。WITH句を使ったSQLは次のように書くことができます。SQLの最初にWITHを使って、そのあとにテーブル名を記述します。このテーブル名はどんな名前をつけてもよいので、SQLを見る人が解釈がしやすいような名前をつけるのがおすすめです。テーブル名のあとにはAS()を記述し、カッコの中にSQLを記述することができます。また、WITH句を使った一時テーブルは、SQLの中で何個も記述することができます。複数書く場合は、AS()のあとにカンマをつけて、そのあとにまた別のテーブル名を記述します。一番最後に記述した一時テーブルのあとにはカンマはつけないので注意しましょう。

　WITH句で一時テーブルを作成したあとは、通常のSQLを記述します。このときに、WITH句で作成した一時テーブルをSQLの中でも使うことができます。

○ WITH句の基本構文

```
WITH テーブル名1 AS(
    SELECT * FROM テーブル名
),

テーブル名2 AS(
    SELECT * FROM テーブル名
)

SELECT
    *
FROM
    テーブル名1
```

　実際にWITH句を使った方法がSQL9-6になります。まずは、SQL9-6を実行して出力結果を確認してみましょう。SQL9-6はサブクエリを使ってヘビー、ミドル、ライトの人数を集計したSQL9-2を、WITH句を使って書き換えたSQLになります。サブクエリを使ったSQL9-2と比較すると、WITH句を使ったSQLのほうがどんな処理をしているかわかりやすいのではないでしょうか。

★ハンズオン～SQLを実行してみよう～

○ SQL9-6

```
WITH hml_users AS(
    SELECT
        o.user_id,
        SUM(p.price) AS total_price,
        CASE
            WHEN SUM(p.price) >= 1000000 THEN 'ヘビー'
            WHEN SUM(p.price) >= 200000 THEN 'ミドル'
            WHEN SUM(p.price) < 200000 THEN 'ライト'
            ELSE 'その他'
        END AS hml
    FROM
        orders AS o
        LEFT JOIN products AS p ON o.order_product_id = p.product_id
    WHERE
        o.user_id IS NOT NULL
        AND o.order_date BETWEEN '2022-01-01' AND '2022-12-31'
        AND o.is_canceled = 0
    GROUP BY
        o.user_id
)
SELECT
    hml,
    COUNT(DISTINCT user_id) AS uu
FROM
    hml_users
GROUP BY
    hml
```

○図9-10：SQL9-6の実行結果

	hml	uu
1	ヘビー	245
2	ミドル	259
3	ライト	32

　実際にSQL9-6の中身を確認しましょう。WITH句が使われているSQLは、まず最後のクエリを確認すると、内容を把握しやすいです。今回の場合は、最終的に実行されているのが次のSQLになります。これだけ見ると最終的にどんな数値を集計しているのか非常にシンプルです。hml_usersというテーブルからhmlごとにグルーピングをして、ユーザー数を集計しています。なので、最終的にはヘビー、ミドル、ライトのユーザーが何人いるのかが、SQLの実行

結果として出力されます。

○WITH句を使ったSQLで最終的に実行されているSQL

```
SELECT
    hml,
    COUNT(DISTINCT user_id) AS uu
FROM
    hml_users
GROUP BY
    hml
```

次に確認するのがhml_usersというテーブルです。今回のSQLiteで用意したテーブルにhml_usersというテーブルは存在しません。ここではWITH句を使って、hml_usersという一時テーブルを作成していることになります。

SQL9-6の最初に書かれているWITH句を確認しましょう。WITH hml_users AS()でhml_usersという一時テーブルを定義しています。このとき、hml_usersという名前は任意に設定できます。今回はユーザー情報を購入金額に応じてヘビー、ミドル、ライトのHMLに分類しているので、hml_usersという名前にしています。

WITH句の中身を確認すると、ユーザー情報をヘビー、ミドル、ライトに分類するSQL9-1とまったく同じになっているのがわかると思います。つまり、CASE式を使ってユーザーをヘビー、ミドル、ライトの3つに分類したSQLの実行結果をhml_usersという一時テーブルに保存し、最終的にはhml_usersというテーブルから、データを集計しているということです。

○図9-11：WITH句活用のイメージ

```
WITH hml_users AS(
    SELECT
        o.user_id,
        CASE
            WHEN SUM(p.price) >= 1000000 THEN 'ヘビー'
            WHEN SUM(p.price) >= 200000 THEN 'ミドル'
            WHEN SUM(p.price) < 200000 THEN 'ライト'
            ELSE 'その他'
        END AS hml
    FROM
        orders AS o
        LEFT JOIN products AS p ON o.order_product_id = p.product_id
    WHERE
        o.user_id IS NOT NULL
        AND o.order_date BETWEEN '2022-01-01' AND '2022-12-31'
        AND o.is_canceled = 0
    GROUP BY
        o.user_id
)

SELECT
    hml,
    COUNT(DISTINCT user_id) AS uu
FROM
    hml_users
GROUP BY
    hml
```

第9章

　このように、WITH句を使うと一時テーブルを作成することができるため、SQLの可読性が高まります。最終的にどんなSQLを実行して結果が出力されるのか、その前処理としてどんなSQLが実行されているのか、順番に確認することができます。

データ分析で重要なWITH句

　著者もデータ分析でSQLを活用しているさまざまな現場を見てきましたが、WITH句を活用しているところは意外と少ないように感じます。データ分析をしていると、複雑なSQLになることはよくあります。サブクエリを使って、SELECTの中に何個も何個もSELECTが含まれているようなSQLもたくさん見てきました。そういったSQLを最初に見ると、どんな処理をしているのか内容を確認するのが非常に難しいです。しかし、今回のようにWITH句を使い、一時テーブルを作ってSQLの処理を1つずつ順番に記述していくことで、可読

性が高まり、どんな集計をしているのかも理解がしやすくなります。

　WITH句は決して難しい構文ではありません。むしろWITH句を使いこなすとSQLが非常にシンプルになります。なので、データ分析においては、ぜひ積極的にWITH句を活用することをおすすめします。

データ分析における「サブクエリ」や「WITH句」の考え方

　サブクエリやWITH句を使うと、複数のSQLを組み合わせることができます。データ分析では、さまざまな条件でデータを集計することがありますが、ほしいデータが常にテーブルに存在しているとは限りません。そんなときは、図9-12のように、サブクエリやWITH句を使って一度SQLでデータを集計して、その結果に対してさらに集計をするという考え方がとても重要です。これは、SQLを実行すると行と列で構成されたテーブルで結果が出力されるという特徴を応用した考え方になります。

　SQLで出力した結果に対して、さらにSQLを実行できるという考え方を理解することで、データ分析でもより複雑な条件でデータを集計できるようになります。ぜひ、データ分析でSQLを使う場合は、サブクエリやWITH句の使い方を身につけておきましょう。

第
9
章

○図9-12：サブクエリ、WITH句の考え方

購入履歴テーブル

order_id	user_id	order_product_id	order_date
C000001	A0001	B022	2022-02-25
C000002	A0002	B024	2022-04-26
・・・	・・・	・・・	・・・

一時テーブル

order_id	user_id	order_product_id	order_date	hml
C000001	A0001	B022	2022-02-25	ヘビー
C000002	A0002	B024	2022-04-26	ミドル
・・・	・・・	・・・	・・・	・・・

出力結果テーブル

hml	uu
ヘビー	100
ミドル	200
・・・	・・・

演 習 問 題

問9-1

次の条件に従い、2022年の年間のユーザーごとの購入件数に応じてHML（ヘビー、ミドル、ライト）に分類し、HMLごとのユーザー数を集計してください。また、このときユーザー情報が空のデータとキャンセルのある購入データは除外してください。

- ヘビー：年間の購入件数が500件以上
- ミドル：年間の購入件数が300件以上、500件未満
- ライト：年間の購入件数が300件未満

問9-2

次の条件式で、サブクエリを使ったSQLをWITH句を使ったSQLに書き換えてください。

```
SELECT
    o.user_id,
    p.product_id,
    p.name,
    p.price
FROM
    orders AS o
    LEFT JOIN products AS p ON o.order_product_id = p.product_id
WHERE
    o.user_id IN (
        SELECT DISTINCT
            o2.user_id
        FROM
            orders AS o2
            LEFT JOIN products AS p2 ON o2.order_product_id = p2.product_id
        WHERE
            p2.name = 'トートバッグ'
            AND o2.user_id IS NOT NULL
    )
LIMIT 10
```

解答9-1

解答例1（サブクエリを使った場合）

```sql
SELECT
    hml,
    COUNT(DISTINCT user_id) AS uu
FROM
    (
        SELECT
            user_id,
            CASE
                WHEN COUNT(DISTINCT order_id) >= 500 THEN 'ヘビー'
                WHEN COUNT(DISTINCT order_id) >= 300 THEN 'ミドル'
                ELSE 'ライト'
            END AS hml
        FROM
            orders
        WHERE
            user_id IS NOT NULL
            AND order_date BETWEEN '2022-01-01' AND '2022-12-31'
            AND is_canceled = 0
        GROUP BY
            user_id
    ) as o
GROUP BY
    hml
```

解答例2（WITH句を使った場合）

```
WITH hml_users AS(
    SELECT
        user_id,
        CASE
            WHEN COUNT(DISTINCT order_id) >= 500 THEN 'ヘビー'
            WHEN COUNT(DISTINCT order_id) >= 300 THEN 'ミドル'
            ELSE 'ライト'
        END AS hml
    FROM
        orders
    WHERE
        user_id IS NOT NULL
                AND order_date BETWEEN '2022-01-01' AND '2022-12-31'
        AND is_canceled = 0
    GROUP BY
        user_id
)
SELECT
    hml,
    COUNT(DISTINCT user_id) AS uu
FROM
    hml_users
GROUP BY
    hml
```

実行結果

	hml	uu
1	ヘビー	52
2	ミドル	23
3	ライト	461

解説

　これは第8章の演習問題8-1の応用になります。第8章ではCASE式を使ってヘビー、ミドル、ライトの3つにユーザーを分類するSQLを学びました。そこからさらにヘビー、ミドル、ライトごとに人数を集計するのが今回の問題です。

　まずは、解答例1としてサブクエリを使った場合から解説します。ユーザーの購入件数ごとにヘビー、ミドル、ライトの3つに分類するSQLが次のようになります。

```
SELECT
    user_id.
    CASE
        WHEN COUNT(DISTINCT order_id) >= 500 THEN 'ヘビー'
        WHEN COUNT(DISTINCT order_id) >= 300 THEN 'ミドル'
        ELSE 'ライト'
    END AS hml
FROM
    orders
WHERE
    user_id IS NOT NULL
    AND order_date BETWEEN '2022-01-01' AND '2022-12-31'
    AND is_canceled = 0
GROUP BY
    user_id
```

　これは、CASE式を使ってユーザーの購入件数ごとにヘビー、ミドル、ライトの分類をしたSQLになります。ここからヘビー、ミドル、ライトごとのユーザー数を求めるため、SQLの実行結果に対してさらに集計します。そのため、FROMのあとにこのSQLをサブクエリとして入れます。最後に、GROUP BY hmlとCOUNT(DISTINCT user_id) AS uuを記述することでヘビー、ミドル、ライトごとのユーザー数を集計できます。

　WITH句を使った場合も同様です。先ほどのSQLでサブクエリとして実行していた部分を、WITH句を使って一時テーブルを作成することができます。この場合は、最終的なクエリが以下のようになり、非常にシンプルです。

```
SELECT
    hml.
    COUNT(DISTINCT user_id) AS uu
FROM
    hml_users
GROUP BY
    hml
```

　hml_usersがWITH句を使って作った一時テーブルになります。テーブルの中身はサブクエリのときと同様、CASE式を使い、ユーザーごとの購入件数に応じてヘビー、ミドル、ライトの3つに分類したSQLになります。

　サブクエリとWITH句のどちらを使っても結果は同じですが、WITH句を使ったSQLのほうが可読性が高いので、WITH句を使うことをおすすめします。

解答9-2

解答例

```
WITH bag_order AS (
    SELECT DISTINCT
        user_id
    FROM
        orders AS o2
        LEFT JOIN products AS p2 ON o2.order_product_id = p2.product_id
    WHERE
        p2.name = 'トートバッグ'
        AND o2.user_id IS NOT NULL
)

SELECT
    o.user_id,
    p.product_id,
    p.name,
    p.price
FROM
    orders AS o
    LEFT JOIN products AS p ON o.order_product_id = p.product_id
WHERE
    o.user_id IN (SELECT DISTINCT user_id FROM bag_order)
LIMIT 10
```

実行結果

	user_id	product_id	name	price
1	A0544	B050	トートバッグ	30000
2	A0285	B036	コースター 5枚セット	800
3	A0696	B038	食器セット	4400
4	A0970	B028	炊飯器	12000
5	A0337	B018	コンディショナー 340ml	700
6	A0438	B005	きゅうり 3本入り	159
7	A0125	B025	ナイトクリーム	15000
8	A0339	B036	コースター 5枚セット	800
9	A0946	B023	化粧水	10000
10	A0481	B046	ワンピース	4000

第9章

解説

　もとのSQLは、本章の「複数のクエリを組み合わせるサブクエリ」で使った
SQL9-4です。これをWITH句を使って書き換えていきます。SELECTの中で
さらにSELCETが使われている部分がサブクエリになるので、WHEREの条件
で使われているSQLをWITH句を使って書き換えます。WHEREの条件の中で
使われているSQLは、トートバッグを購入したユーザーIDを出力するSQLで
す。なので、今回はWITH句を使った一時テーブルの名前を`bag_order`とし
ます。WITH句で作成した一時テーブルは、そのあとのSQLで使うことができ
ます。そのため、WHEREの条件を`o.user_id IN (SELECT DISTINCT
user_id FROM bag_order)`のように一時テーブルのデータを参照した
形に書き換えることができます。

　この場合は、WHEREの中でSELECTが使われていることに変わりないので、
正確にはサブクエリをまったく使っていないわけではありません。ただし、
WITH句を使うことで、サブクエリで記述したSQLを一時テーブルとして処理
し、よりシンプルに書くことができます。今回の条件はそこまで複雑ではない
ので、サブクエリを使った場合と、WITH句を使った場合で、大きな違いを感
じられないかもしれません。しかし、サブクエリの中が複雑になればなるほど、
WITH句を使ったときの可読性は高まるので、積極的にWITH句を活用するよ
うにしましょう。

おわりに

最後までお読みいただきありがとうございます。

本書はデータ分析でよく使うSQLという観点に絞って、必要最低限の解説にすることで、短時間で効率的に学習できる内容にしました。しかし、SQLは何度も何度も自分で使わないとなかなか身につきません。一度本書を読んだだけでは、なかなか理解できない部分もあるかもしれません。必要であれば何度も本書を繰り返し読んで、繰り返しSQLを使ってください。そして、日々の仕事の中でも積極的にSQLを使ってほしいと思います。

著者が大学受験のための勉強をしていたときは、同じ参考書の問題を何度も繰り返し解いていました。一度問題を解いたり内容を確認しただけだと、完全に理解した状態にはならないからです。何度も同じ問題を繰り返し解くことで、問題の本質を理解し、受験本番でも同様の問題を解くことができるようになりました。SQLも同様に、何度も本書の内容を読み返すことで、知識を定着化させて、初めて実際の業務でSQLを使えるようになります。

SQLは汎用的なデータ分析スキルだからこそ、すべてのビジネスパーソンに共通して身につけてほしいと思います。そのためのきっかけとして、ぜひ本書を活用していただけると幸いです。

本書を出版するにあたって、数多くの方にサポートいただけたことを大変感謝しています。前職や現職でも実施したSQL勉強会が、本書の原点ともいえます。実際に著者がSQL勉強会を実施して、それに参加してくれた方がいたからこそ、本書があると思っています。SQL勉強会に参加していただいた方には、改めて感謝を申し上げたいと思います。

おわりに

　執筆にあたっては、副業でお世話になったLAPRAS株式会社の本庄真希子さん、鈴木亮太さんにレビューをしていただきました。技術的な確認や解説の仕方など、とても素晴らしいご指摘をしていただき、ここまで仕上げることができたことに感謝しています。

　また、一緒に本の執筆をサポートしていただいた技術評論社の中山みづきさんにもとても感謝しています。初めての執筆で大変なこともありましたが、優しく丁寧に伴走していただき大変助かりました。

　そして、妻にも感謝をしたいと思います。妻には日々の生活においても感謝していますが、本書の執筆の手伝いもしてもらい、大変感謝しています。妻はIT業界とは無縁だったので、SQLについてはまったく知りませんでしたが、本書で使っているテストデータの作成や、内容の確認など手伝ってもらいました。SQLをまったく知らない人でも理解できる内容にするという観点では、妻の視点もとても参考になりました。

　最後に、本書を読んでいただいた方も含めて本書に関わっていただいたすべての方へ、感謝をしたいと思います。本当にありがとうございました。

索引

ラ

ワ

【著者プロフィール】

　青山学院大学経営システム工学科卒業。2011 年に新卒でヤフー株式会社に入社し、Web エンジニアとしてサービスの開発、運用、企画、提案、など幅広くサービスに貢献。また Hadoop や Teradata を利用したデータ分析や Tableau を使った可視化など、データを活用してサービスを成長させる仕組みを導入するなどデータ分析に関わる業務も担当。

　2016 年からは株式会社イーブックイニシアティブジャパンに出向し、社内でデータサイエンスグループを立ち上げグループマネジャー（部長）として社内のデータ活用を促進。

　マーケティング施策の効果検証、事業分析、プロダクトの AB テストなどデータを活用した意思決定に貢献。チームメンバーの SQL スキルアップや社内全体での SQL 勉強会などのデータ活用スキルアップ活動なども行い、組織全体をデータドリブンにする活動を実施。

　2021 年から外資系コンサルティング企業に入社し、SQL を使ったデータ分析などデータを活用したマーケティング支援を実施。

　また複業としてプロバスケットボールリーグ（B リーグ）のクラブチームで、マーケティングストラテジストとしてデータ分析のサポートを行ったり、その他複数社で SQL を活用したデータ分析のサポート経験あり。

- 装丁
  トップスタジオデザイン室（嶋 健夫）
- 本文デザイン・DTP
  朝日メディアインターナショナル㈱
- 担当
  中山 みづき

データ分析力を高める
ビジネスパーソンのためのSQL入門

2023年 3月 29日　初版　第1刷　発行

著　者　高橋光
発行人　片岡 巌
発行所　株式会社技術評論社
　　　　東京都新宿区市谷左内町21-13
　　　　電話03-3513-6150 販売促進部
　　　　　　03-3513-6177 雑誌編集部

印刷／製本　昭和情報プロセス株式会社

定価はカバーに表示してあります。

ISBN978-4-297-13443-3　　C3055

Printed in Japan

■お問い合わせについて

　本書についての電話によるお問い合わせは
ご遠慮ください。質問等がございましたら、
下記までFAXまたは封書でお送りくださいま
すようお願いいたします。
　FAX番号は変更されていることもあります
ので、ご確認の上ご利用ください。
　なお、本書の範囲を超える事柄についての
お問い合わせには一切応じられませんので、
あらかじめご了承ください。

＜問い合わせ先＞
〒162-0846
東京都新宿区市谷左内町21-13
株式会社技術評論社　雑誌編集部
「データ分析力を高める
ビジネスパーソンのためのSQL入門」係
FAX：03-3513-6173